巧用阿Q定律
讓你不再成為職場魯蛇

小管——著

自序

沒有中西兩位前輩長者，今天就不會有這本書。

西方的帕金森氏於三十多年前，推出以探討組織內病態的「帕金森定律」，一時風靡全球。在日本，幾乎是無人不知，無人不曉。曾以「不能讓員工看的書」爲廣宣文案，暢銷數十萬冊。帕金森定律以反面的論述，用嘲謔嘻笑怒罵的筆法，來寫管理問題和組織中的病態。因爲以前沒人如此做過，加上他做得很好，所以他的成就很快就被肯定了。對組織績效的研究，從病態組織的研究開始。這有些像學英文文法先看《英語正則》一樣，受著人們的激賞和歡迎（當時參加過大學聯考的人都知道）。

可惜距帕氏出書至今三十多年來，未曾再有人研究此類組織病態之個案，而實際在此三十年裡，各種病態之組織與組織行爲，不但花樣翻新，更是無奇不有，無有不奇，令人嘆爲觀止，同時也深受其苦及害。

魯迅先生，生於憂患死於憂患。他早已確認，要改中國的各種弊病，最根本的方式是透過精神與思想來改變中國的民族性。於是他完成了《阿Q正傳》，他將阿Q描繪成：卑劣、懦弱、狡猾、自大狂，和不能正視與承擔外界對自己的屈辱，以致當別人侮辱他時，他總設法加以解釋，使自己覺得那些侮辱不但不是侮辱，反而是對自己有利的——所謂「精神上的勝利法」。也因此，也促使他有時會主動地，去欺凌比他更弱的人。

阿Q正傳很快地就被中國人肯定了，因爲他所講的人物，在我們每一個中國人的生命裡、個性上若隱若現或有若無。於是吾人就稱那些不知變通、拘泥不化的人爲：「阿Q；阿Q精神」。而事實上，阿Q是「無知」與「天眞」的結合。今天魯迅死了，但是他想一心打倒踢開的「阿Q；阿Q精神」卻不但沒有被消滅，反而被發揚光大了……（這不僅僅是魯迅個人的悲哀，也是全體中國人的悲哀？）

今天，有些中國人似乎成功了。但是他們眞的不知道，自己爲什麼會成功？有些中國人看起來是失敗的。但是，他們也從來不承認自己失敗（精神上的勝利法）。沒有根，任何事情不追究原委。這很容易使人在成功中埋下失敗的種籽；在失敗中又造下絕望的因緣。「救救孩子……」在《狂人日記》魯迅如此呼籲，救救下一代吧，距魯迅出書又將近百年，我們到底要不要救下一代。要，還是不要？

「阿Q定律」就是要用來救下一代的（我也沒信心？）這本書所描繪的行爲、方式都是純中國式的，也是阿Q式的。在我們的生活、工作中，到處可見、習以爲常。已經到了我們可以認定：凡是有組織，都是免不了的。

這本書要問的就是，既然是不好的，是不是可以提出來講一講、討論討論、研究一番？因爲時代不同了，所有的中國人都已相當清楚，絕對的禁止、不准這、不准那，已是行不通和無能爲力的了。但是有一點可以確信，所有擁有阿Q精神的中國人都可以做到：反正你講你的，我無法奈你何？你可以指責我，罵我，但是我聽來都是好的、不是損我的。（心裡想：我總算被兒子罵了，現在的世界眞不像樣……）

取西方帕金森氏的《帕金森定律》及中儒魯迅先生的《阿Q正傳》兩大著作之精神爲架構，就算是以中學爲體西學爲用吧，「阿Q定律」就是在這種情形下的產物。它是一本討論組織病態的書，也是一本曝露中國人在組織及行爲上一些遺傳下來劣根性的書，更是一本討論不正確組織行爲的實戰教材。

小管不才，以抛磚引玉之心情，依目前社會病態組織之輪廓，整理出十二篇阿Q定律。雖不敢爲往聖繼絕學，但求有益於現今之社會及企業大衆，做個秀才人情。由於筆者才疏學淺，疏漏之處在所難免，敬請各方正雅士不吝指正！

前言　先說爲快

阿Q定律是由筆者我針對病態組織的研究，所發明出來的一項定律。這項定律是依據小管我個人的研究心得，及目前組織運作上的一些實務，綜合起來所編輯而成的。阿Q定律一方面可以讓人們了解組織病狀，知所以避免和警惕；另一方面，亦可因掌握病狀而對症下藥。

速食文化的時代

由於目前社會的狀況和形態，已日趨緊張及繁忙。人們生活上的節奏，不停地加快著步調。「麥當勞」之所以受大衆的歡迎和喜愛，並不完全是因爲它是一種外來的文化，所以人們因崇洋而特別歡迎它。

然而它確實是一劑能應付這淆亂生活的「清心劑」。讓人們在很短的時間內，很快地就能夠享受到美食及品味生活的意義。它之所以成功，是因爲它眞的適合這種生活的脈動及生活上的需要。它之所以受歡迎，是因爲它純粹的是這個時代的產物，不帶有一絲的運氣和僥倖！

文化是人們生活中的重要「精神糧食」，現在的人們比任何一個時期，還迫切地需要它。「麥當勞」賣的，不完全是漢堡及炸雞塊加可樂。它賣的是一種「好和快」的生活製程，也即是一種「好和快」的生活方式。我們稱之爲：速食文化，而這個時代則可以稱之爲「速食文化時代」！阿Q定律就是秉持著這種精神所完成的，它的文章形式和結構如下：

對白＋說明＋故事＝阿Q定律

漢堡＋炸雞塊＋可樂＝麥當勞文化

這種文體，對日趨緊張及繁忙的現代人來說，是令人欣喜和能被接受的。雖然它是一種創新（因爲以前沒見過），但是由於它符合這個時代的需要，它的流行及受人們的激賞，是可以預期的。

生活及工作上的教戰守策

在你學了許多管理上的理論和哲學，參與了無數的研習及聽過各類專家的演講之後，可能將會發現到，沒有一樣東西，會像阿Q定律般地讓人感到窩心和不可或缺，讓人產生共鳴和心有戚戚！

管理學上的理論和哲學，不能說它不好，而是它離人們賴以生存的生活及工作，實在是太遠和太遙不可及。以至於當需要應用它來解決問題的時候，就會有點隔靴搔癢般地，讓人感到不合實際和難受。

阿Q定律是由生活及工作中體驗得來的，是根據組織的病態所引申出來的一些慣性和法則。筆者我會有一些建議，有的是絕妙的，有的又不值一笑。

但阿Q定律，將組織病態的症狀，詳實地敘述和整理、認眞地分析病症形成原因及背景、提出建議和對策。對在社會上生活及工作的大衆來說，這毋寧是一本活的教戰守策和生活指引。它是實際的，你能天天耳濡目染；它是有用的，你得天天面對著它。

一樣的定律，不一樣的感受！

阿Q定律不是一本禁書和成人書（至少目前還不是），吾人可以十分輕易地擁有和閱讀它。但是，同樣的一本書、一篇文章、一個定律，因爲看的人不同，會產生完全不同的想法和感受。就以組織庸妒症的「吹毛求疵定律」的例子，來作個說明如下：

如果不幸讓庸妒主管看到「吹毛求疵定律」資料的話，當他倏然發現他平時賴以維生的「法寶」已經曝光時，他興起的第一個念頭，就是如何將這份資料立即銷毀或淹沒。只要他現在看到的這份資料不流落出去，或僅於他老兄一個人看到，倒是無所謂的。（不但是無所謂，他或許還會將此份資料珍藏起來，隨時欣賞和把玩一番！）

但當他發現這份資料已經流落出去，想要銷毀或淹沒也已來不及和不可能了。此時，他會冀求上蒼保佑。至少，保佑他的部屬之中，沒有人看到這份資料；即使有人看到了，也因爲疏忽和匆忙而忽略過去。

爲了保證他的部屬沒有擁有這份資料（否則他無法安心），在公司下班之後，他會自動地留下來，然後一個座位、一個座位地檢查部屬的辦公桌，一直到夜深人靜，同時又沒有看到他所要找的資料爲止。此時他才能略爲寬心，拖著一日工作下來疲憊不堪的身軀回家。在他回家的路上，他又會忿忿不平地想道：「這小管爲何許人也？幹嘛要將我賴以維生的伎倆，編輯成書公諸於世，他的用心眞可怕哦！」

如果此份資料（吹毛求疵定律）讓庸妒主管的部屬先看到，他會一則以喜，一則以憂。喜的是，他終於清楚地知道，他主管原來就是如此地庸妒無能；憂的是，他和主管相處的時候，如何不讓主管知道他已擁有這份資料。最後他還會想到：「這小管爲何許人也？非得見他一面不可，或許他還有其他資料……」

「水能載舟，也能覆舟。」阿Q定律也是一樣的，它只是想幫助我們生活及工作得更有意義和更便利。它本身並不代表著善與惡、好與壞。端看怎麼樣去利用它、什麼人去利用它？筆者我的苦心，只能將文章更白話和通俗，讓內容更傳神和詳實；但平心而論，它的確是我們工作及生活中不可或缺的一個「傢伙」！

Contents
目錄

第一章

吹毛求疵定律

〔庸妒主管的面具〕

現在到處充滿著這種機構：高階主管遲鈍而辛苦；中階幹部勾心鬥角而彼此推諉；低階員工洩氣而不務正業。這種組織病症，我們稱之為庸妒症！

► 吹毛求疵定律：庸妒主管慣用吹毛求疵的技巧，讓員工產生無力感，達成他癱瘓組織的最終目的！

如果要治療組織庸妒症，要盡快動手！

中國有一句話：天下無不可用之兵。它的哲學就是說：戰爭勝敗之關鍵因素，不在兵，在將。所謂強將手下無弱兵。以下圍棋來做個比喻，黑白二子，各有一人來下。棋子大小一樣，比賽規則相同。因爲下的人不同，於是千變萬化莫測高深。經營組織機構也是如此，不管你身在何處，人有良莠，事有易繁，只要經營者智珠在握，盱衡舉措之間，即可化腐朽爲神奇，繫機構於不墜。

但是現在，我們到處看到一些機構（甚至國家），組織重疊、法令淆亂、權責不清、冗員充斥、士氣低落。使組織之功能和作用根本無能發揮，工作同仁又都充滿著想做事也不能夠的「無力感」。於是，高階主管遲鈍而辛苦；中階幹部勾心鬥角而彼此推諉；低階員工士氣低落而不務正業。這種情形，筆者我稱之爲得了組織「庸妒症」。要趕快求診，晚了難保不會一命嗚呼（機構癱瘓）！

組織庸妒症，乍看之下似乎組織內全體員工有氣無力（這是症狀），眞正病因乃在組織內，出現了一種既無能又好妒的主管（病毒）。而這種主管多到一定程度，職位也高到某一階級，於是這一群庸妒主管能順利地接掌組織中央的控制鈕，也是機構病發的時候了。

我們對組織庸妒症的研究，雖然是從調查疾病初發時的現象開始，一直到昏厥爲止的全般過程。但爲了能盡快地讓病人（機構）能接受治療起見，我們先略去有可能會花太多時間去了解的那些病毒（主管）產生的原因。僅就病毒的特徵和活動方式，做成追蹤和深入研究的報告。作爲醫療人員提出診療計畫時的必要參考資料。

筆者我吹毛求疵定律的假設即是：**庸妒主管的特徵不外乎從野心勃勃能力有限（庸），到永遠不承認別人能力比他強（妒）。慣用吹毛求疵的技巧，讓員工產生無力感，達成他癱瘓組織的最終目的爲止！**爲了讓讀者諸君能深入了解各類庸妒主管的特徵，我們用個案的方式，說明如下：

其一：野心勃勃

這是庸妒症的最明顯和最初的症狀。有些主管，在還搞不清楚自己分內的工作和職責時，就有一股很濃的興趣，去插手別人和別部門的事情，主動的提出一大堆意見（絕對不比別人高明，比別人熱心是有的），然後他就會想，有一天讓我來管那該多好！（這種想法，一般正常人是不會有的）也因爲如此，如果有朝一日讓他「心想事成」，組織就慘了！

＊＊＊

王布通（總務經理）：副總，有的公司都是總務兼人事的。本公司是否也如此，比較合理？（他想把人事併過來，對他來說比較合理）

牟旺財（副總）：老王，這樣有什麼好處？

王布通：這樣我們可以用總務部分閒置的人力，來協助人力的召募和組織規章的擬定。通常做總務的都是比較細心的，做得會比目前好。（會比目前好是他自認為的）

牟旺財：那蔡克志（人事經理）會同意嗎？這樣好嗎？（已經有些心動）

王布通：副總，我們總不能為了一個人影響整個公司的發展和績效吧？那太不值得了。總得要為公司想……。

牟旺財：嗯，我會處理的。那以後就要多辛苦你了。

王布通：應該，應該。（一臉感激和惶恐的神情）

＊＊＊

野心勃勃的主管，在說服其上司時的技巧，倒是非常地高明的。他先從別的公司都如此做（我們只是模仿別人，是極自然合理的事），接著強調利用總務部分閒置的人力（不用白不用）來完成目前人事做得最差的兩環：人力召募和組織規章的工作。再強調做總務人員「比較細心」的優點，最後會做得比目前好做爲結論。關於原人事經理呢？他用一切爲組織好的「大義」，巧妙地化解了他上司最後唯一的疑懼。

其二：芝麻綠豆

我們謔稱這種主管爲芝麻綠豆先生。這種主管的特徵是：無論發生了任何狀況，他都會不慌不忙地從一個小而且容易解決的地方開始，而把大的和關鍵的地方先擱在一邊。此時，如果你在一旁急得肝火上升五內如焚，他（主管）還是一副若無其事的樣子（皇帝不急，急死太監）。

＊＊＊

王本中：部長，國內治安敗壞；環保意識高漲；員工不務正業。企業都混不下去，要集體出走了！

冷台生（部長）：不會吧，哪有那麼嚴重啊？（不太以為然）你太誇張了吧？

李良玉：部長，的確是如王主祕說的這般。

冷台生：你們這些消息是從哪裡得來的。告訴我，是不是媒體？報紙、電視……。嗳，老兄，他們是搞媒體的，講話難免誇大一些。我們是搞政治的，要冷靜、要少講話（默默地做就行）……。

王本中和李良玉，你看看我，我看看你。老闆已經說得夠明白的了，要少講話。再講，就會不識抬舉了。冷台生看看他的兩位助手不再說話，場面一下子變得冷清，只得接下去說。

冷台生：我前幾天去台東，我看那台東也有夠落後的。企業幹嘛要出走，到台東不就得了。（反正他們要到落後的地區去嗎？台東也有夠……）

王本中：那怎樣進行呢？

冷台生：開個工商聯合大會好了，先溝通溝通再說。老李，你來負責這件事。

＊＊＊

芝麻綠豆主管，當部屬在向他反應問題的嚴重性時，他先把嚴重二字設法去掉。他的哲學很簡單，雖然事情由你報告，但事情重不重要、嚴不嚴重，則由主管我自己決定，而非由你。接下來他擔心部屬有可能會不服，於是給部屬訂下了一個「少講話，多做事」的行事泛道德觀的法則。如果不遵守，則是此人的品德有問題。如果品德有問題的話，那再有才幹也沒用（也沒得混了），接下來的事情就簡單了。既然事體不大，大家先談談再說。於是就安排開會或簡報，大家扯一扯淡又何妨？芝麻綠豆主管，這套處理事情的哲理，往往能化大事於無形，忙小事於團團轉。讓局外人一下子也搞不清楚，到底發生了什麼事？大家在瞎忙些什麼？

其三：居功諉過

這是每位庸妒主管在其成長的過程中，必定要修習的學分。如果修不過或不及格，就不能成爲一位庸妒主管。居功諉過型主管的特徵，一般是從居功開始，至諉過結束。居功又可分兩方面來說，首先不承認別人的功勞；再即是將別人的功績變成是自己的。

誘過也可從兩方面來說，其一是事情之所以做錯，是因爲沒照我的意思。其二是既然是你自己做錯事，就自己承擔起來。

＊＊＊

李慶明：經理，這次我們和買方談判，殺了他二十萬。（講話的嗓門很大）

姜雨成（經理）：你看，我說要殺價吧。不是我說要殺價，對方肯讓你殺嗎？

李慶明：對方是有些不太願意。（講話的聲音低了許多……）

姜雨成：對方下order（訂單）了沒？

李慶明：還沒呢，他說要向他老闆報備一下，就……

（姜雨成沒等李慶明說完，就氣急敗壞地吼道。）

姜雨成：老李，沒order殺什麼價？為什麼不Fax（傳真）回來問我一下？如果對方將order下給別家呢？到時候你就要負責。

李慶明：不至於吧……（此時有些氣結）

＊＊＊

居功諉過的主管，他會非常技巧，將所有功勞一手攬過來，有可能的過失輕輕推出去。輕描淡寫，有如蜻蜓點水，不著一絲痕跡。古人說的好：「一將功成萬骨枯」，就是對這種居功諉過的行爲，作最貼切的描述。有時候，部屬的有些成就硬是攬不過來，則這類主管的表現，不是漠不關心，就是冷嘲熱諷一番（這樣他心理才能平衡）。有些過失硬是推不掉時，這類主管的表現，大抵是怨天尤人，認爲自己是被人陷害，眞相終須大白。

其四：賞罰不明

對庸妒的主管來說，賞罰一分明，組織即進入正常的輪迴。那所有的心理遊戲和勾心鬥角的伎倆都玩不下去，庸妒主管的千秋大夢，自然也做不成了。因此對賞罰分明的排斥，對庸妒主管來說，是攸關生死存亡，而非爭爭面子而已。

＊＊＊

李慶明：經理，我今年考績為什麼乙等？

姜雨成：對呀！有問題嗎？你去年甲等，今年就輪到別人，總不能每年都讓你甲等？這樣對別人不公平。

李慶明：我今年提五件提案，都被公司採納，替公司省不少錢，對公司有貢獻……

姜雨成：你點子是頗多的，但到底實不實用，還不清楚。提案嘛，有給提案獎金，不能混為一談吧？

李慶明：經理，我還是覺得不公平。（他還想掙扎一下）

姜雨成：那你看要怎麼辦呢？其實呀，過幾年不就又輪到你了嗎？

＊＊＊

賞罰不明的技巧，首先在於對別人的成就給予過分的低估。如：「點子不錯，但實用性如何？」接下去建立一套似是而非的平分原理（只要一分下去，有才能的人就冒不出來了）。最後叫大家「認命」，凡事忍耐以顧全大局。這是庸妒主管貫徹它的賞罰不明的三部曲。只要他照著去進行，沒有不成功的。

其五：無能自大

無能在庸妒的程度上，是比較輕微的，容易被治療，甚至是較易忍受的症狀。自大就比較麻煩，不但不易治療，每次壓下去後，不久又會冒出來。如果這兩項病毒合而爲一，發現化學變化，產生新病毒，對病人（組織）來說就比較麻煩。

＊＊＊

張起仁：經理，我的作業員調薪計畫何時可簽下來？不能再拖了。

王布通：我總覺得不太對。你能否將別家公司的作業員所有調薪狀況，先整理出來？

張起仁：別的公司資料不好蒐集。每家公司狀況不同，我們訂我們的。當然，也會參考別人的水準……

王布通：不能蒐集到每一家的資料，我如何知道我們的制度是國內最好的？

張起仁：我們幹嘛要做國內最好的，多抽象……

＊＊＊

無能自大的主管，在碰到任何事時，第一步就是要先了解別人怎麼做、以前怎麼做、國外怎麼做（對自己沒信心，亦即是無能）。這還不打緊，在他沒搞清楚全盤事務之前，他不願意做下一步（害怕）。搞清楚以後呢，他就會自大地認爲自己既蒐集了別人的資料，就可以做出世界上最完美的東西了（這就是自大）。筆者我認爲：無能是可以被原諒的；自大卻無藥可救！

其六：上欺下壓

上欺下壓的全文應該是「上欺下壓平擠」，也是庸妒主管慣用的手腕之一。他的特徵是，對上面儘量用欺瞞的方式粉飾太平，對下面就像個「山大王」般作威作福大呼小叫的。對平行的，能排擠就擠掉，擠不掉有事沒事也來個意氣之爭。

＊＊＊

牟旺財：老王，作業員調薪後，一般反應怎樣？

王布通：反應，沒有什麼反應。調薪嘛，總不能讓每個人都滿意？（上瞞）

牟旺財：怎麼，聽說有一位R&d的作業員要離職？你知道原因嗎？

王布通：可能是他們經理處理不當吧……（平擠）

牟旺財：津貼沒調，沒問題？

王布通：當初我叫張起仁調查別家公司的薪資，小張只調查底薪，沒調查津貼。所以這次調薪，津貼就沒調到……（下壓）

牟旺財：要做補救動作嗎？

王布通：我看不必吧，替小張留點面子。（胡扯）

＊＊＊

上欺下壓的主管，解決問題的一貫作法是：先以靜制動，看看老闆的反應。但不論老闆反應如何，他對老闆的態度卻是一致的。讓老闆放心，沒什麼大不了的事。天塌下來時，他也只會對老闆說：「哦，老闆，今天『天』似乎低了一些。」對下面呢，卻有了一百八十度的大轉變。只要被他老闆唸一遍，他就非找下面的來大吼大叫一番不可，否則他會認爲自己「吃虧」。上欺下壓的主管，在庸妒症裡，是較難根除的病毒。對上欺下壓的病毒，筆者我的建議是：預防勝於治療！

其七：利慾薰心

利慾薰心的主管，比一般庸妒主管來說，程度上是比較高明許多的。他之所以被編入庸妒之林，不是在庸，而是在對利慾不能把持。由於不能把持利慾，在做事和處理工作時，就經常會失去立場，成爲成事不足，敗事有餘的組織發展中障礙人物。

＊＊＊

牟旺財：你們在搞什麼，為什麼最近有那麼多作業員離職？

王布通：張起仁，你向副總解釋一下。（一副事不關己的模樣）

張起仁：副總，因為最近有兩家新廠剛成立，我們的人難免會被挖一些走。

牟旺財：為什麼不挖別人，要來挖我們？

王布通：別廠也有人離職，但沒我們人多。

張起仁：員工在抱怨津貼比別家少，福利又不好……

牟旺財：我怎麼從來就沒聽說過？老王，是怎麼回事？

王布通：副總，員工的抱怨在哪一家公司沒有？要讓他們不講兩句是很難的。津貼比別家少，福利比別家差。公司經營也要計算成本，不是在比闊呀！

王布通：是不是彭經理的領導有問題？他平常就不太照顧員工，做事沒計畫……

牟旺財：老王，你扯這些幹嘛？彭步智做不好，也做了一年多了。

王布通：小張，讓你作一次調薪，就搞得雞飛狗跳，是要好好檢討一下了。

牟旺財：現在怪他有什麼用？你是他老闆，你也負點責任好嗎？重要的是，現在怎麼辦？罵來罵去，找個小職員或製造部經理來開刀，有用？

＊＊＊

利慾薰心的主管，在面臨事情的時候，爲了要保護自己，首先把自己置身事外，一副事不關己的樣子。凡是有錯，錯都在別人，不論別人是屬下、別部門主管，甚至自己老闆，反正錯絕不在我。利慾薰心的症狀，到了嚴重地步時，會演變成「假公濟私」。也就是說，他會化個人利慾爲組織之大利慾，以公家之財產，來作私人的人情。反正又不花自己的錢，又何樂不爲呢？於是在組織帶動一股「不用你錢，不用我錢，凡事公家出錢」的大利慾風氣。此時要找人來治療都難了。

其八：分離隔絕

分離隔絕是主管控制屬下，將自己置於庸妒的不二法門。分離隔絕的方法非常簡單。它的訣竅在「分離部屬隔絕資訊」八個大字。分離部屬，使部屬無法合而爲一向他對抗；隔絕資訊，使自己變成是資訊的唯一供應者，無能而有權。

＊＊＊

張起仁：小娟，聽説我們的經理要換人了，知道嗎？

李巧娟：怎麼，做得好好的，幹嘛要換？

張起仁：妳説好，有用嗎？要上面説好才算數。

李巧娟：那要換誰？我們認識嗎？還是你升起來？哦，要請客！

張起仁：別胡扯！哪輪得到我，人家必須具備兩大條件。

李巧娟：什麼條件，誰説的？

張起仁：還不是牟副總的那個魏祕書放出來的空氣。他還神祕兮兮地讓我猜：「誰最細心，又能和副總配合？」真噁心！

李巧娟：啊！王不通（王布通）。我不要，我受不了他。

張起仁：小姐，妳怎麼知道是「不通」？難道我們蔡先生不夠細心？

李巧娟：怎麼跟「不通」比？他那種哪叫細心，磨死人哦！

張起仁：唉，人家副總就欣賞這種「人才」呀，妳不服氣？

李巧娟：他又不會去磨副總，倒楣的是我們……

李巧娟：你知道嗎，那個「不通」叫你做事，從來不告訴你原因和要幹什麼。只是讓你一味地做呀，蒐集資料呀，發MEMO也不准用你的名字，都用總務部，由他祕書發。

張起仁：那妳只能青蛙跳水啦！不通、不通……（撲通）

＊＊＊

分離隔絕的主管，首先把自己和部屬分開，下一步才是將部屬和部屬之間分開。讓某甲去做事的一部分，某乙去做事情的另外部分。當兩人都做完時，他才將兩部分合而爲一，變成他個人的成果。他的兩位部屬呢？一個尚抱著一條柱子似的象腿，另一個拉著一條繩子似的象尾，活像一對瞎子在摸象。除了隔離內部，他也隔離外部。只要他部門發出去的MEMO，都不署名，只掛部門名稱。因此，其他部門有任何事情不清楚或想了解，就只能去問他和他的助理了。只要做到以上兩點，分離隔絕的功能達到，他「老大」就變得位尊而權大；同時對組織而言是不可或缺的主管了。

寫了以上八種庸妒主管的類型——野心勃勃、芝麻綠豆、居功諉過、賞罰不明、無能自大、上欺下壓、利慾薰心、分離隔絕——之後，讀者諸君或許會問，只有以上八種嗎？可是我看我們「當家」的，比以上八種都還厲害！是怎麼一回事？

在這裡，筆者我先要問諸君一個問題：「有研讀過武俠小說？沒。去讀一本再來。」（建議你讀金庸的《天龍八部》）以上的八種類型，就好比武功裡的八個招式。而這八式乃武功之精華，式式可做起手式，式式可做救命招。可單獨使用，可混合交錯。式式相因，招招相扣，可用來拆招，可用來換招。如能熟稔精通，雖曰八式，其實乃一式耳！

筆者我假設：庸妒主管之行爲、手段、伎倆……，乃良知良能也。以上八式，對他們來說，根本就可以不教自通，不習自得。應用起來，更是得心應手、變化萬千、層次更高。

此文的功能和目的，自然不是用來供那些庸妒主管，印證他的功力和同類主管切磋心得的。對他們來說，他們懂的絕不比以上少。如再讓他們溫故知新，學習切磋一番，術業大進，那員工慘矣，組織慘矣！

但筆者我還是相信，最關心本文出處和發行的，還是那些庸妒主管。因爲他們擔心，他們的部屬會看到本文（如果又看懂的話），那他平常賴以維生的「法寶」一旦曝光，其效力一定大打折扣！甚至，是否能再維持，都是問題？當然，或者將我捉去，叫筆者我再寫一篇聲明，聲明我所寫的「吹毛求疵定律」乃是一派胡言，是我在神智不清的時候寫的。希望大家別看，看到了也快把它忘掉（免得傷了自己身體）。但筆者我告訴你們，我已經報警，正請求保護中。因此，你們甭想——（說眞格的，筆者我眞的還是有點怕你們呢！）

對庸妒主管的部屬來說，筆者我給你們一個忠告：絕不要在辦公室看此文，嚴禁文留在辦公室，尤其在自己座位上（否則，跳到黃河也洗不清）。看了此文後，要牢牢記住，但不得和同事討論。只能在家裡和家人商量，切記！萬一有同事來訪時，要迅速收起來（以免惹禍上身）。

在我們搞懂庸妒主管的特徵後，接下來應該是來研究如何治療這種病症？方法之一：就是用外科手術切除。由於對一個患病的組織來說，它們很少會不經治療而自己痊癒的。切除雖然不太好，但未嘗不是一個辦法。當然，這只能對局部的病情處理。如果病情太嚴重時，此時不知道切哪一塊好？這切除的手術就不能進行。方法二：由於此時組織病情已非常沉重，也許應該請最具權威的專家——筆者我來處理（雖然我收費較高，但你們已無能考慮）。我的處理方式很簡單，分兩方面：其一，心理輔導。幫助病人，建立求生和革新的信念，一直到身體稍佳，能接受局部切除時爲止。其二，禱告！和病人一起度過安寧的殘餘日子。

對組織庸妒症的預防，應是勝於治療。將庸妒主管的百態，變成文字、畫成漫畫，置於辦公大樓的走道、自助餐廳的牆上、人行道的兩旁、公車和地下鐵的車廂，讓庸妒主管得以施展護身的手腕和技巧，公開展示出來。於是，除非他們（庸妒主管）另外鑽研新招，否則一下子也沒戲可唱。筆者我的建議不見得是頂好的，但是，在沒有更好的方法前，不妨考慮試試？

第二章

議而不決定律

〈組織運作的瓶頸〉

組織運作，猶如猜謎語。對者給獎，不對再來。同樣的謎題，可出現在不同的場所，可使用於相異的年代。組織或有別，人物雖不同，遊戲依舊可玩，規則亙古不變！

► 議而不決定律：檯面上的會議，雖然參與者眾，氣氛熱烈，但是，真正的決議和執行，在檯面下不是早已作成，就是正在進行著。

會議在檯面上大家吵得不亦樂乎，
在檯面下或許早已OK！

不論在企業或政府機構，要讓組織運作，最簡易不過的法子，就是將相關的人找來，大家來開會討論。討論後，作成決議，然後與會人士照著決議去執行。這套方式，說起來再清楚不過。但就目前九〇%的企業或機構中，甚至九五%左右，都做不好，做不對。它們甚至把開會弄成了猜謎語，一猜就是數千年。謎題依舊，人物全非！

開會前，先猜猜主持人是誰？爲了方便讓大家參與和提高猜謎的興趣，有關單位會給大家一些提示。主持人必須具備有三大條件：活力、風趣、外貌姣好。於是大夥就開始猜啦。巴戈風趣，方芳芳身材好，兩人都很有活力。澎恰恰、胡瓜、鄭進一……都不符合條件。那會是誰呢？終於有人冒出一句話來：「上半身巴戈，下半身方芳芳。」（有這種人嗎？還是他倆聯合主持？）當答案宣布時，大家才知道，都猜錯了。因爲答案是卡通人物：唐老鴨！（這似乎很玄，咱老中猜謎語就是這樣，讓你出乎意料之外。）猜完主持人，猜題目。題目猜完，會議開始。七嘴八舌，你來我往。討論完了時，再猜一樣「事體」，猜什麼（大家忍不住問）？猜一猜：決議要不要執行？這還用猜，當然要執行。大家花了這許多時間、精神、生命（還有口水）。不執行，難爲情嘛！答案宣布時，大家才知道，又猜錯了。因爲答案是：不執行！（理由很簡單，因爲，咱老中開了幾千年的會，決議從來沒被執行過。）

於是筆者我假設：**檯面上的會議，雖然參與者衆，氣氛熱烈，但是，眞正的決議和執行，在檯面下不是早已作成，就是正在進行著。講的是一套，做的是另外一套理論，它背負著我們自古以來的歷史和傳統。**筆者我建議你不要去懷疑以上的假設，這樣不但於事無補，還會給自己帶來極大的困擾。爲了讓我們對組織的運作有進一步的了解，筆者我以個案的方式，向大家作一些說明。

其一：會而不議

開會原本的用意是要被用來討論議題的。經由議題的討論，作成決議，讓組織依據會議的決議去執行和運作。這原本是天經地義的事，不容有任何置疑或迷惑。今天不是，今天凡是開會，要讓會議進行到議事這一階段，往往必須經由與會人士的長時間努力和抗爭，才能做到。

＊＊＊

陳中和（主席）：今天我們開始審核年度總預算，雜項費用部分。

朱全正：主席，本席有程序發言。開會的人是否都有身分證明（出席證），是否有不是委員的混在裡面？

陳中和：不會吧？委員有什麼好冒充的？

（台下委員和委員之間也竊竊私語，大致都表示贊同主席的說法。）

朱全正：這位女士是誰？為何沒有出席證？

（那女孩縮著脖子，能縮一寸就算一寸了。眼睛看著朱委員的手指，一動也不敢動。）

王有欣（主祕）：哦，這是李委員的姪女。因為李委員行動不便，她扶他來的。她不開會，她不會發言的。

朱全正：主席，本院有「扶助開會法」嗎？如沒有，於法無據。就請這位女士出去。

鄭勇：主席，本席程序發言。我們這樣一直討論程序問題，是否能讓備詢的官員先退席回去辦公？

朱全正：官員退席，我們還審什麼預算？合法嗎？（嗓門加大許多）

鄭勇：我們根本沒在審預算，我們在開程序大會，要官員幹嘛？

朱全正：本部是依法提程序發言，依法討論，你知道嗎？

＊＊＊

其二：議而不決

如果會議有幸能被討論到議題，接下來的工作即是做成決議，作爲將來執行的依據。但是由於主席的主持議事能力不足及與會人員的觀念不清楚，往往會將討論的內容偏離議題，於是大家東拉西扯天南地北，一時也搞不清楚自己身在何處、所爲何事？

＊＊＊

王輔臣：主席，最近我們部門內的工程師走了不少。都是剛剛訓練完，有一年多經驗的……。

曹又義（主席）：那有什麼辦法？最近，我的助理也提辭呈，說什麼要回家帶小孩。（一臉無奈的樣子）

彭步智：主席，工廠作業員也有不少要離職。她們抱怨福利不好，津貼太少。

彭步智：我們是否應建立一套員工簽約制度，留住員工？（已討論到議題了）

王輔臣：最好一次簽二年。因為工程師有二年經驗時最好用，生產力也最高。

曹又義：有些公營機構都是終身制，不是更好？那我的助理就不會離職了。（他只關心這一件事）

潘文生：主席，你說的不是公營機構，是軍隊。

曹又義：軍隊。軍隊有什麼不好，有人在軍隊之間跳來跳去的嗎？

曹又義：那我們就來執行簽約，一次簽二次。老王，二年就夠了嗎？

潘文生：主席，憲法規定「人」有就業的自由。簽二年不合法。

曹又義：那軍隊一簽就簽終生，又怎麼說？軍隊可以，我們不可以？

潘文生：軍隊例外。（差點講不出話來）

＊＊＊

其三：決而不行

會議雖然不好開，有時候也會有做成決議的。既然有決議，與會的人或雖非與會人（與決議執行有關的人），就應該照著開會的決議去執行，在實務上，執行的時候，往往會發生許多枝節上的問題。由於參與開會的人，又經常是只負責開會，不但不了解實務，將來也不負責執行，頂多是下個命令，動動口而已。於是給決議的執行帶來莫大的困擾。最後，只好不了了之。

＊＊＊

曹又義（主席）：我們今天討論「員工年金」的運用。目前我們員工的年金已經累計到一千萬左右。

王布通：我愈來愈不值錢，不做運用，將來我們退休時拿到，買一斤雞蛋都沒有。（那可能是金雞蛋）

蔡克先：我們年金委員會，應該做成決議。將此一千萬的資金來投資股票或房地產。但我們應該找有信譽的公司，以免有所虧損。

彭步智：萬一虧損呢？我們是否做成決議，虧損時年金委員會不負責？

曹又義：就照這麼決定了。嗨！鄭勇，你列席的。有沒有什麼指導？（似乎已做成決議）

鄭勇此時想的事情很多。一千萬年金，那是一千位員工的，每人一萬。照邏輯上說是一千個一萬，不是一個一千萬。年金委員雖是員工選出來的，但他們有權將員工以穩健為主的退休金，拿去做風險高的金融投資；而有虧損時，又不需要負責？雖然有這麼多問題，但自己只是列席。別人問我，也只是禮貌性而已……。於是，他決定還是不講話。

鄭勇：主席，我沒意見。

曹又義：好。我們今天會議就開到這裡為止。

＊＊＊

其四：不清不楚

既然是開會，那一定要開得清清楚楚。雖然有可能如上面一般會而不議、議而不決、決而不行。但至少有一點還是被肯定的，所有與會的人員都神智清楚，也知道會議要開什麼？目前進行到哪裡？（有些會議例外，如與會者都已老邁、耳聾、痴呆……）

在實務上卻常出現三種不清不楚的會議。即是：一開始就不清楚；開到一半不清楚；開完後才不清楚。讓筆者我分別來向讀者諸君細述：

❖一開始就不清楚

某次會議，由代理商介紹一種新型的研磨機。該代理商先介紹了設備的性能、價格，接著提出一列數字，數字代表研磨機可研磨的最佳厚度。會議一直進行著，偶爾也有人發問。當會議結束，代理商要回去時。突然有人問：「那些數字規格爲何都是點幾、點幾的。換算成公分，也不是我們要採購的？」代理商急忙解釋：「哦！不是點幾，是二點幾。因爲個位數都是二，所以都省略掉了。」

由上面的例子可以知道，雖然一開始與會者都不清楚點幾的意思（這是會議的重點），但礙於面子的問題（問怕被人笑不懂），又沒有人敢發問，於是會議一開始就不清不楚地開下來了，到結束才搞清楚。

❖開到一半不清楚

某次會議，因爲有兩位外籍主管參加，爲了尊重他們起見，一開始時就用半生不熟的英語進行。雖然大家英文不怎麼樣，但勉強還能應付。但是，會議開到一半，兩位老外越講越快，與會的主管只有看來看去的份了。看完後，一位主管忍不住地問：「講這麼快，聽不太懂，你呢？」另一位主管答：「老兄，豈止是聽不太懂，聽懂才怪？他們講的不是英語，是日耳曼語。」

這個會議，在前一半勉強還算是清楚的。開到一半後，兩位外籍主管忘了要講英語，改講母語（日耳曼語）時，就開始不清楚了。但會議還是進行著，一直到開完為止。如果那位主管不問清楚就回去的話，這份挫折感也夠他受的。

❖開完後才不清楚

有位主管很忙，下午匆匆忙忙地去開會。當然，他的習慣也會利用開會時休息一下。當主席讓他講評時，他很客觀地說了一些個人的意見和見解。會議開完了，回到辦公室。心想，終於把這麻煩的「檢討會」開完了。可是，他的祕書問他：「你去哪裡了？『檢討會』已開了半小時，到處在找你。」主管：「哦！檢討會還在開？那我剛才開的是什麼會？」

這種情形就是他一直沒搞清楚自己在開什麼會，直等到開完會回辦公室，才知道自己開錯會了。於是對剛才的開會內容和過程，他開始懷疑，自己到底有沒有講錯話？最後，他變得不清楚了。

在筆者分析了以上開會的一些缺點之後，如：會而不議、議而不決、決而不行、不清不楚。我們還是不得不承認，開會是協助組織運作的一項極佳的工具；同時此工具是不能被其他替代品所取代的。甚至，筆者我可以這麼說——

好的會議，是投資，是組織的一項資產，讓組織希望無窮。壞的會議，是費用，是組織的一項支出，讓組織虧損累累。

本文沒有舉一些好的典範，只舉了許多有瑕疵的個案。原因是，要找缺點的會議比比皆是，而要找一些好的個案，至少在目前對筆者來說，似乎是一項挑戰。如果讀者諸君不苛求的話，這個主題就在此打住……。

第三章

雞毛蒜皮定律

〔組織溝通的盲點〕

會議的進行，與會人員關心的，是雞毛蒜皮的事情（他們比較了解）。他們所用來表達的方式，大都是裝腔作勢（要秀給別人看的）。

► 雞毛蒜皮：緩其所急，急其所緩，小題大作，避重就輕。

接下來要討論的議題非常重要，你們要好好
把握發言的機會，他會好好傾聽的

會議，原本的意思是被人們用來作為意見的溝通，和解決問題用的工具。可是時到現代，我們在到處所看得到的各式大小會議，沒有一次是如上面所說的。而開會的方式呢？遇到大事，不是全數鼓掌通過或乘亂由主席宣布通過（此時有人真搞不懂通過了什麼？）：遇到像雞毛蒜皮的項目時，則全體與會人員精神抖擻。心想，機會終於來了。於是高談闊論（大家搶麥克風）者有之；在座位上呼天搶地（叫講話的下來）者有之；舉布條拿各式道具（表示不同意別人的意見）者有之……。

避重就輕

於是筆者我假設：**會議的功用，是讓與會的人，對雞毛蒜皮的事情，痛陳其個人的意見和觀念；同時裝腔作勢地博取旁人的注意和傳播，達到個人作秀和出風頭的唯一目的。**為了讓讀者諸君實際了解以上的過程和伎倆，我們用一個議會開會的例子來說明（但我必須先在此聲明：如有雷同，純屬巧合）。

＊＊＊

劉中天（主席）：現在我們討論第三項提案。在花蓮設立科學園區計畫，先由經革會的李主委樸達先生向大家報告。

李樸達：哦！在花蓮設之科學園區，這是上面的意見……。（上面兩字音量放得特別低）科學園區設立的計畫書已發給各位，請參看小組報告資料附件六及七。這個計畫是委託美國矽谷的趙文生博士設計的，趙博士在高科技的成就，我想大家都很清楚。當初新竹園區的計畫也是由他任職的公司負責設計的。目前新竹園區經營得不錯，這個我想大家也都清楚……。先期籌備的時間大概要十至十五年，經費三百二十億，分五年開支。蓋科學園區不是小事情，急不得的，這個……

（李樸達的話還沒講完，即被氣沖沖的莊達生委員打斷。莊達生拳頭緊握，同時全身不停地顫抖著……）

莊達生：李主委，我糾正你剛才講的話。今天，我們是要你以經革會主委的立場，來報告花蓮科學園區設置的計畫。你剛才講是「上面」的意思，「上面」是什麼意思？你的「上面」是天花板，你搞清楚。你的前面是我們諸位委員，你是替你前面的委員負責，不是替你「上面」的天花板負責，你懂不懂？

劉中天：莊委員，你是否能讓李主委報告完再質詢？李主委，請繼續報告。

此時，莊達生猶豫了一下，還是心不甘情不願的走回座位。邊走嘴裡還邊唸著：真搞不懂這小子……。李樸達此時有些心神不寧，唯唯諾諾地說：我講得也差不多了，資料都在大家的桌上（聲音愈講愈小，有些連自己的耳朵也聽不到的感覺）。

劉中天：我們謝謝李主委對這項計畫的清晰說明，在座諸位有什麼意見嗎？

* * *

在這裡先讓讀者諸君了解一下現場。假設目前在開會的委員共有十七人，包括主席，工作人員和備詢官員不包括在內。在十七名委員之中，高科技出身或對高科技略爲了解的委員，只有鄭勇和黃仁銘兩位。而其他的委員，不是不懂高科技和科學園區，就是也不關心這檔子事。另外關健仁是由花蓮選出的委員，看他一臉深沉若有所思的樣子，也不知道在想什麼？於是鄭勇首先發言。

＊＊＊

鄭勇：主席，趙文生博士的報告，我們是否請有信譽的顧問公司再評估一下？經費三百二十億，並沒在年預算內。是否要動用第二預備金？這麼大的金額，動用預備金，會不會造成困擾？

劉中天：我們都同意鄭委員的建議，請有信譽的顧問公司，再評估一下趙文生博士的報告。但由於時間的關係，如再重新評估，對工程的延期，可能會造成莫大的傷害。關於經費部分，雖然今年我們動用第二預備金，但到明年時，我們就可列入年度預算之中，因此，不會造成困擾。

（其他的委員都竊竊私語，大都表示贊成的意見。）

鄭勇：本席希望能把我的意見列入會議紀錄。

劉中天：自然。大家還有什麼意見？

（主席面朝大家，一副老神在在的樣子。）

現在，可能只有黃仁銘委員一個人，曉得在此時要說些什麼話了。他想說的話很多。他不相信經費的預算為什麼恰好是三百二十億而不是三百十九億五千萬？這麼大的一筆錢，竟然是整數？新竹科學園區還做得好好的，為什麼要移到花蓮？花蓮交通不便，沒有工研院和交大、清大，將來園區員工哪裡來？趙文生是誰，沒聽說過？新竹園區的計畫，只是他任職的公司做的，不是他做的。十年到十五年，會不會太長？那麼多的問題，一下子他也不知道從何問起？最後他決定還是不說話。

此時，關健仁走上了發言台。一句話不說，先從腋下拿出了一張他事先寫好的大字報，上面寫著四個斗大的字「痛心疾首」。接著激動地說——

關健仁：諸位，這項計畫讓本人痛心疾首（頓了一下，清了一下喉嚨），花蓮是台灣唯一剩下的一片淨土，你們真忍心再將她污染嗎？摸摸你們自己的良心（他用手死命地拍著自己的胸部），替你們的子孫留一片淨土吧！為了很慎重的表示我個人的抗議，我要把麥克風丟掉，把演講台推翻。（接下來就是一陣桌椅和麥克風的碰撞聲……）

坐在前排的兩位委員因為事出倉卒，還來不及思考，先慌忙地跳開（口中發出一些怪聲）。其中有一位女工作同仁被嚇得哭出聲來，發出歇斯底里的尖叫……。

劉中天（提高著嗓門吼道）：請大家鼓掌通過。（聽到一陣稀落的掌聲）

現在我們討論第四項提案。

＊＊＊

此時，委員們移動身體的聲音，主席找服務人員整理演講台及修理麥克風的聲音，委員們相互的抱怨和對剛才的一幕發表一些看法的交頭接耳聲音，在會場散了開來。但是，第三項提案，關係著三百二十億元的預算，在主席的議事技巧下，短短的十分鐘內即被順利地通過了。

雖然，也有些委員對此案的迅速通過，感到有些不安，他們也曾捫心自問，自己是否盡了心和用了力？但在這麼亂的情形下，加上自己又不懂什麼鬼科技，再想也是白想。

不過，委員們都一致私下讚許主席劉中天的厲害。「哦，薑是老的辣！」爲了表示他們一直是熱心地在討論案件，他們必須在會議結束前，盡量地打足著精神。

錙銖必較

由以上的會議片段，讀者諸君不難了解，與會人員所關心的不是提案的本身，而是在這種提案下，他們能表現（show）的是什麼？像在花蓮設立科學園區的計畫，三百二十億元經費，對委員們來說，這麼大的金額，反正他們不曾擁有過（一輩子也不會擁有），自然對他們來說，沒什麼意義。如何蓋個科學園區，如果他們搞得懂，他們早就不在這裡跟我們這些兔崽仔鬼混了。筆者我認爲：與會人員關心的是較小的問題，小到最好是自己親身經歷過。在會議中，與會人員不論關心不關心議題，他們所做的是如何捉住機會見自己！

爲了證明筆者我個人的觀點，我們讓會議繼續進行下去：

＊＊＊

劉中天：第四項提案。興建魚池，美化議會環境。正德工程公司已提出估價單，總價二十萬。關於此案的詳細計畫和規格，請參看小組報告資料附件八。

伍大同：主席。本席認為這個魚池的估價偏高，為什麼要有假山？直接鋪磁磚不就得了，既美觀又實惠。

蘇克先：本席贊成伍委員對估價偏高的意見。但我認為假山還是要的，但價格不應該超過十五萬。

鄭勇：主席。本席有更進一步的意見。本席懷疑是否有興建魚池的必要？我們是否想得太多了？今天蓋魚池，明天是否要蓋個游泳池？

蘇克先：本席認為鄭委員的意見太偏激了，本席不能苟同。本席覺得蓋魚池是有必要的。除了美化環境外，魚池還有消除蚊子的功能（環保新觀念）。我們今天要討論的問題，是魚池怎麼蓋，而非魚池蓋不蓋。

於是辯論之聲此起彼落，會場氣氛也漸趨熱烈，有時甚至為了省一萬元的預算，而使二位委員大吵大罵（也有互毆的）。但是，為了自己的責任——愛選民的託付，又不得不如此。否則，誰又願意在此大吼大叫的？由於魚池大家都了解，沒擁有過的話，至少也看過。二十萬呢？至少也了解，也知道如何用掉。因此辯論足足持續了五十分鐘，結果比原預算省了三萬元。於是委員們才算是鬆了一口氣，同時，心中也產生了一種「成就非凡」的感覺。

劉中天：讓我們繼續討論第五項的提案。本委員會的茶點費，每月五千元。

伍大同：開會要用什麼茶點？

劉中天：我想大概是咖啡……。

蔡克先：這麼一年下來，就要用掉六萬？

劉中天：不錯！

鄭勇：主席先生，一點不錯。這雖然是一筆小錢，但我懷疑這筆錢是否值得花？每次開會要開多久？可不可以用白開水取代？

＊＊＊

於是辯論越來越熱烈。有些委員或許分不出磁磚和假山的品質與價格，但是每個人都曉得咖啡的價格，曉得咖啡怎麼泡和在哪裡買，也曉得何時需要買？這項議題竟然耗掉了一小時又二十分鐘，最後意見還是很分歧。主席只好宣布由祕書處的同仁，再蒐集有關咖啡的資料，提交下次會議時討論。

由於以上的實例裡，讓讀者諸君很容易了解到，筆者的雞毛蒜皮和裝腔作勢定律在實務上的適用能力。但在這裡，筆者我還必須要補充說明的，例如事情小到什麼程度，小到如雞毛和蒜皮時，浪費的時間是否會繼續加長？而裝腔作勢呢，是否和會議的時間長短有著某些關係？筆者我尚在觀察中和研究中。但是最後筆者我假設：提案的大小關係著與會人員討論時間的長短；時間的長短，則關係著與會人員裝腔作勢的程度高低。也就是說，在開會的議程中，討論一個三百二十億的個案，只需要十分鐘。裝腔作勢的人，也只不過一、二人而已。討論一個茶點費五千元的個案，則足足討論了一個多小時，不但沒有結論，同時促使裝腔作勢的人前仆後繼……。

筆者我的雞毛蒜皮定律，今天或許只是個嘗試性的結論。在時代的潮流演進中，各種投機取巧的伎倆和裝腔作勢的方法，也有推陳出新的時候。筆者我自當本著研究組織病態的精神，繼續深入的做研究及跟讀者諸君提出適時的報告和說明，以利於人們因經由對此種行爲的了解，而有能力對組織作檢討和改進的動作，則組織幸甚，筆者我幸甚！

第四章

冗員不滅定律

〔效率低落的惡夢〕

冗員和組織的關係，就恰巧和人們對住屋的關係一樣。冗員始終是多一個，房子就是少一間，那麼地令人扼腕和不能盡如人意！

► 冗員不滅定律：辦事人數的增加，與其工作量的增減全無關係。冗員是自然產生，且將與組織共存亡的。

產生冗員的原因之一即是：
「每個主管總覺得人才不夠他用......」

冗員的產生，自古以來就是和組織共存亡的。也就是說，只要一有組織，就有了冗員。於是兩者相互依賴，不死不休……。

西方有那麼一句成語：消遣是最忙碌的工作。舉例來說吧：有那麼一位老太太，她可以花上半天的時間，給她住在屏東鄉下的女兒寫一封信。首先，她想是否要給女兒寫信，一想就是半小時。於是開始找信紙和信封，因爲很久沒寫信了，找一找就花掉一個小時，這其中，當然包括了選擇何種信紙在內。那就寫吧，眼鏡到哪裡去了，又花掉半個小時。寫信倒是頗快的，花了一個小時。找不到通信處，又花掉了她半小時：爲了考慮步行到郵局，是否要帶陽傘，又花掉了二十分鐘。對老太太來說，這封信，總共花掉了她三小時又五十分鐘。

小事化大

本來，對一位有效率的公務人員來說，寫這樣的一封信，頂多只要五分鐘的時間，而這位老太太卻整整花掉了半天。如果，我們用這位老太太的方式來工作的話，我們就非常容易地把一位工作者弄得整天辛勞、焦慮、疑懼、慌亂……。因此，筆者我假設：

工作的擴展，只是爲了塡滿這項工作可支配的時間，而非是爲了完成這項工作。

由上面的例子，我們就可以很容易地得知，工作（尤其是書面性的工作）對時間的需求，有著很大的彈性。因此，筆者我再假設：**工作與被指定擔任工作的人數和所支配的時間之間，顯然並沒有很大的關係**。也就是說：**工作量的多寡，不是工作本身所產生的，而是要看工作者如何去擴充和縮減**。因此，缺少眞正有效活動的工作，並不一定會使工作人員感到悠閒；而沒有工作，也不一定會讓工作人員有偷懶的情形。

任何人所做的工作其複雜和重要性與其所花費的時間成正比。雖然，以上的說法似乎已普遍地被人們承認和接受，例如：公務員人數的增加，必有若干人的工作量會減少或閒暇無事。其實筆者我認爲：公務員人數的增加與其工作量的增減，其間全無關係。

製造工作

筆者我的冗員第一定律——冗員逐增定律，並非憑空捏造，是根據筆者我長期地觀察和分析人們工作的情形，而得到的具體結果。爲了讓讀者對本定律的眞實性更了解和支持，筆者再提出兩點重要的假設：其一，**每一位公務員，希望增加自己的部下，而非**

對手；其二，公務人員彼此爲對方製造工作。

為了使大家了解第一個因素，我們且假設公務員李大發爲例來加以說明。

公務員李大發最近發現自己的工作過量，於是開始想法子。我們先不管李大發工作過重是否是事實，因爲這件事並不重要。但我們必須指出，李大發發現自己工作過重的感覺（幻覺）可能是他自己精力衰退所導致，那可說是一種中年人的正常現象。這種感覺工作過重的情形，其補救的方法一般說來有下列三種：其一，他或許會辭職；其二，他或許會要求另一位同事分擔他一些工作；其三，他或許會要求上級增設兩名助手。

但是自古以來，當像李大發這類人在選擇以上三種補救方法時，沒有不選擇第三項方案的。因爲，如果他辭職的話，他會失掉他的養老金。如果將他的工作一些給他的同事的話，他就是培養了一位在將來他的上司退休後，自己要升遷時的對手。因此，李大發最後的決定就非常簡單了，於是就請了兩名助手，呂小明和張小華。

李大發將他的工作分別交給呂小明和張小華後，他可以要求呂小明和張小華互相不知道對方的業務而分別向他負責。這樣，當然可以增加他的重要性，如爲什麼他一下子就要兩名助手的原因了（如果只請呂小明來分擔李大發工作的話，那情形和替李大發培養一位未來升遷的競爭者的情形是一樣的）。因此，當李大發決定請人的時候，必定是聘請兩名助手，而非一名。這樣不但不會影響李大發本人的升遷，同時還可以使呂小明和張小華因提防另一人升官而認眞工作。

但是，過了不久之後，呂小明會向李大發抱怨工作太重（他一定會如此），於是，在李大發的首肯下，呂小明也增加了兩名助手，當然，對張小華來說，他也增加兩名助手只是遲早的事了。於是原來由李大發一人做的事，現在變成由七個人來共同完成了。而李大發的升遷，自然也成了定局。

忙茫盲

現在是由七名人員來擔當以前李大發一人的工作了，於是第二項原則在此時便發生了作用。此時七名事務員便開始彼此爲對方製造工作，而大家也都變得整天忙碌不安。當然，李大發也比以前忙多了。任何一件公事可能由呂小明的助手之一簽辦，然後給另一名助手後由呂小明簽後交由張小華修飾，自然張小華再給他的兩名助手，然後又回到呂小明桌上，由呂小明將全文稿加以修正後，最後交由李大發核閱。

當然，此時李大發有很多理由可以閉起眼睛來簽字，因爲他目前要考慮的事情實在太多了。例如，他已經曉得自己明年便可接替他上司的工作了。而他的位子要交給呂小明還是張小華呢？呂小明的兩位助手，其中一位因爲沒有休假資格而心情不佳，另一位聽說最近身體不適。在前幾天開會時，已答應了張小華的助手之一特另給予加薪，而另一位助手調部門的要求沒答應會不會造成他的離職呢？張小華最近和一位已婚的職員談戀愛，會不會出什麼事呢？

因此，當李大發接到呂小明的公文時，他是很可能在這份文稿上草率的簽字就算了。但是，他一向爲人謹慎，加上同事間製造的這些困擾，也著實令他頭痛。他不想逃避責任，於是開始仔細的閱讀文稿。首先刪掉呂小明和張小華所增加的幾段贅語，又使文稿回復到最初呂小明的助手所擬的文稿形式。接著他修正了一些標點符號，此時文稿似乎已和呂小明助手原先擬的沒什麼兩樣。這樣多的人，花費了這樣多的時間，完成的東西和原先產生的結果並無不同。但是每個人都沒有偷懶，同時每個人也都盡了最大的力，直到傍晚，李大發精疲力竭，背部微駝，面帶苦笑地走出辦公室回家，結束了他一天忙碌的工作。

從以上的說明，使我們很容易了解到，冗員產生和逐增的情形。此時，一定會有人忍不住地問：「增加的冗員會自動消滅嗎？」筆者我可以斬釘截鐵地告訴諸君：不會！於是筆者我的冗員不滅定律與焉產生。**冗員不滅定律：冗員是有組織以來，即會自然產生，最後與組織共存亡不死不休的**。爲了印證我的冗員不滅定律，筆者我將冗員如何產生和爲何不滅的情形，再作詳細的分析和說明。冗員的增加，除了以上的兩點假設外，尚有以下的情形，讓筆者慢慢向讀者諸君詳述。

其一，**不冗不行**。由於一般組織的設計，只要企業一經成立，某君被安排一個職位後，不到企業宣布解散，這個職位就不會被裁撤或消失，於是被安排在此職位的人，不論是否還是某君（這已不重要），都會被一直保留下來。於是日久生冗，自是無可避免。

其二，**防弊生冗**。冗員產生的另一個主要原因，就是咱們中國人較不信任別人，因爲不信任別人，於是製造出一些冗員和冗機構，來竊聽員工的電話、稽核司機的吃票、檢驗員工的產品（QC）……。更甚至有企業爲了簡化員工的工作，多了二個冗員來負責企業內工作的簡化。

其三，**酬庸酬冗**。在國內，這種酬庸制度，自古以來即相當地流行。因爲我們的社會裡，講究的是君子一諾或閒話一句。在企業裡，不論你才識能力如何，只要你忠心如犬，從一而終，到了晚年，老主人一定會對你的出處有所安排（美其名曰「人情味」）；甚至你家「小犬」，看在你忠心耿耿的份上，亦可代爲安插。對企業組織來說，酬庸酬冗於焉產生。

其四，人爲冗員。有些冗員的產生，並非以上的各因素，而是起源於在組織內，主流派和非主流派的戰爭。一旦戰爭平息，戰勝的一方除了慶功論賞之外，就是要如何來找些冗位，安插那些戰敗而又未亡的分子（以示厚道）。此時，這些冗員，有如孤臣孽子，在組織內之處境，自是令人分外同情。人爲冗員的另一種解釋是，某些主管有些個人的雅緻和興趣。如某位主管喜歡蒐集資料和分析報表，就放兩名專門的辦事員在他手下。該二員平常每天忙得不亦樂乎，但除了滿足該主管的虛榮心之外，或許對企業和組織一無是處。更甚至有一天，該主管離職時，新來的主管每天還得抽出一段寶貴的時間來陪這兩位公子讀書。

由以上的說明，讓我們更深入了解到，冗員在組織內產生的經過和原因。於是就有些自認公正的人起來呼籲，要如何消除冗員、提高組織的生產力，這是當務之急。筆者我則持略微不同的看法：**冗員的問題**，不是在是否完全消除冗員；而是在如何化冗員爲**幹員，這才是根本解決冗員之道**。由於除冗工作在實務上具有它的嚴肅面和高風險性，因此在進行此項工作時，我們必須要有套較完整處理此項工作的原則和信條。

以下的原則，筆者我提出來，供讀者諸君參考：我們在考慮各項除冗的因素時，環境的考慮應重於除冗形式；了解冗員產生的原因又應重於除冗的環境；採用好的除冗方法應重於了解冗員產生的原因；選擇好品德的人來除冗又重於採用好的除冗方法；而分辨什麼是冗，什麼不冗則是此項工作的開始；用制度來除冗，而非用人，才能確保除冗工作的成果，同時不會讓組織進入人亡冗生的悲慘輪迴之中。

在現實的社會組織或許正如筆者冗員逐增和冗員不滅定律中所說的，在組織裡到處充塞著冗員和沒效率；同時，組織可資利用的時間和金錢，正一分一秒地在被無緣無故的消耗著。今天，我們所能做的，只是把這些病態組織的現象，盡我們所知的，用系統的方式，詳細地描述出來，供企業內和社會上的有識之士，共同來檢討它並知所警惕！雖然，我們都知道，組織的病態，診斷容易治療難，但對任何事情來說，總要有一個開始，您說是嗎？

第五章

泥菩薩定律

（社會責任的實踐）

對組織來說，組織的社會責任，已經不是組織要不要負責任的問題，而是組織要如何負、負多少、何時負的問題！

► 泥菩薩定律：如果企業在負社會責任時，會減低其應有的營運績效，或根本無力負擔的時候，就得立刻停止。

告訴他們，老闆要去回饋社會當義工……
退職金？
欠薪水
資遣
$
$
$
SOS
員工

組織一向標榜著：要追求經營的最高利潤和最高服務品質，但在行之多年以後，組織慢慢地發現，他們所追求的「目標」不易達成，甚至也找不到所謂的「最高」利潤和品質。因爲「最高」那兩個字太抽象了，以至於讓組織失去工作的目標和方向。於是組織的主持人，就悄悄地把「最高」這兩個字改成了「最佳」。雖然和「最高」比起來，「最佳」來得更抽象，但對組織的主持人和組織內的員工來說，這「最佳」要比「最高」好了許多。好得讓人想「做事」，同時是做「好事」。也因爲是在追求「最佳」的狀況下，人們有了一些緩衝。不會因爲利潤和品質的追求，犧牲掉太多組織的其他「利基」，這其中包括著組織的體質維護及生命的延續，還有組織今天所面臨的社會責任的挑戰。

對組織要負的社會責任這「玩意」來說，原本大家的認知水平是：這是一項高尚的遊戲，如打高爾夫球，不是每個人（組織）都玩得起和能玩的。至少要有一定水準，在這水準以上的人才能玩。如果有人不肯，硬是要進球場、拿桿子，那就只好委屈他做一下「桿弟」了！這可是他自願的，怪不得別人。

繫於一心

但情形似乎不是這樣，對組織要負的社會責任來說，在認知的水平上現在有些出入，這是一項高尚的遊戲，不錯！但這遊戲是棒球，不是高爾夫球。不是由一兩個人來玩，大家在一旁看的遊戲；是要在現場的人大家一起來參與，一起玩的遊戲。它講究的不只是個人技巧，更要靠團體的默契和努力，才玩得下去和玩得好。

就以目前的治安問題爲例。如果社會的治安不好，盜匪橫行民不聊生，此時企業（組織）或許會說，治安不好是政府和大財團的事，與我何干？我只是個小企業，我能做些什麼呢？我能負些什麼責任？去蓋一棟監獄，來關小偷？這樣好嗎？行得通嗎？是合法嗎？答案當然是否定的，哪有人這般無聊，盡幹這種蠢事？但你可以這樣做呀，如果你開計程車行（這算小企業了吧），你可以要求你的車子，隨時和警方保持聯絡或參與義警的行列，這就是很具體的負起企業的社會責任了。當然不是要你將計程車武裝起來，發現盜匪在搶銀行的時候，跟他們來一場火併，然後將惡人繩之以法。這種情形你喜歡做，你的伙計（司機）也不見得有「帶種」。這也不算是負什麼社會責任啦，這種責任企業不但負不起，社會也不奢望企業來負。

如果你是玩具製造商，你可以盡量地開發一些自衛性的玩具（有時也會被壞人買來作案）來保護消費大衆和老弱婦孺，這不是很有意義的事嗎？一面負社會責任，一邊大賺「治安敗壞財」，何樂而不爲？但你千萬不可製造一些和眞「傢伙」雷同的玩具，讓盜匪來作案；或大量販賣玩具刀槍等，訓練我們的下一代砍砍殺殺，這像話嗎？如果你執迷不悟硬是要幹下去的話，那筆者我只得替天行道來執行社會責任，半夜起來把你「做掉」了！

先求自保

講到這裡，你或許會忍不住地要說：對於企業負的社會責任，咱老中以前做得最多了。如：趙大善人，每年修橋、鋪路、施粥……等。筆者我得告訴你，這不是企業負社會責任，這只能算是企業家（趙大善人）負社會責任，是一種個人的行爲，是一種個人生活在社會裡，給社會的一種回饋，如此而已！

其實企業要負社會責任，也沒有那麼難。從簡單的說起，企業首先要能繼續經營下去，同時有足夠的利潤，供其將來作合理的發展及成長，然後才有能力來談負一些它起的社會責任。

如果在負責任的當兒，發現負責任會減少它應有的營運績效，或它根本上就沒有能力負責任的時候，就得立刻停止！以免企業因爲負社會責任而傷到企業自身，將企業變成一個社會問題，再由別的企業來解決它的問題，而負起企業的社會責任；另一種情形，是給別人一種錯覺，以爲你能負一些責任，而寄予厚望，結果又讓別人失望，這十足地也算是一種不負責任的行爲。

舉例來說吧，以市區公車來說，它以解決人們行的問題，給人們一個便捷和便宜的生活空間爲目標。同時由公車處來負起它的社會責任，完成以上的使命。此時公車處必須如上面所說的，要有足夠的營運和利潤（最佳），供其作合理的發展及成長。如果公車處做不到這一點，不講究經營、績效及成本，一味地強求它所要負的社會責任，提供一個便捷和便宜的生活空間的使命，結果變得虧損累累，甚至不幸倒閉，這算哪門子的負責任？

最後還不是又要用咱小老百姓的稅金，來彌補你們這些「阿呆」所造成的損失？難怪我的稅金一年重似一年。

量力而為

社會是許多企業和人群所組成的，而企業就是社會的「個體」和「分子」，只是健康的「個體」和「分子」，才能組成一個健康的社會。企業生活在健康的社會裡，它要負的社會責任自然也就容易得多了。因此，結論變成非常地簡單，企業必須先讓自己賺得足夠的利潤（最佳），變成一個健康的企業，不替社會浪費資源及製造問題，這就算是盡了企業最基本的社會責任了。

但當社會出問題的時候（如目前台灣），每一個健康的企業，也難免會被波及；同時不可能超然立於社會之中，而不受影響（除非你是社會問題的本身）。此時企業就應該主動地審核自己的能力及利基，替社會解決掉一些自己所能處理的問題，盡到一位社會「個體」所能盡和應盡的社會責任。同時再看看，在盡責任和解決問題的時候，能否爲企業找到一些「機會」，讓企業能發一筆小財（化負爲正）。

企業的成敗榮辱，直接關係著社會的健康和衰退，社會的興衰與否，也直接影響著企業的發展和成長。如何調和這兩者之間的關係，使它們的「利益」和「目的」趨於一致，這正是我們今天所要做和努力的。

筆者我認爲：我們不喜歡那些完全漠視企業應負社會責任的企業，但我們更不認同有些企業藉負社會責任之名，遂行僭越其能力和資格，減低其績效和破壞其成長的行爲。這不但無益於企業，同時也將危害到社會！

第六章

病急投醫定律

〔改革的致命傷〕

組織猶如人體，不可避免地會遭受生、老、病、死的威脅和過程。但只要經歷革新，不停地新革，組織就可以不死、不病、不老、不入輪迴，而求得永生。這和人可不同！

► 病急投醫定律：對管理者來說，「改革」絕不是一劑能養顏強身的特效藥，而是別無選擇、不得不吃的「毒藥」！

改革不是一劑特效藥，但當組織癱瘓時，
你又不得不狠下心來處理！

由於人是不得永生的，因此，人，只要有了那麼一丁點的成就之後，便會趾高氣揚地自以爲不可一世，視自己爲英雄或豪傑，不是前無古人便是後無來者。這結論嬴政知道，李世民清楚，筆者我也只得承認。（否則那又老又醜的帕金森PARKINSON不死，哪有得我混？）組織不同，組織只要經歷革新，不停地新革！組織是可以不入輪迴而求得永生的。大英國協終成「日不落國」，就是這樣得來的（雖然那些促成它成爲「日不落國」的蠻子，屍骨早已不存）。革新對組織來說，就好像是一種「特效藥」。無病可以強身，有病則可治療百病。只要早晚定時服用，保證可將組織變成百病不侵的「巨人」。

革命・革「命」？

革新對組織來說，既然有這麼多的好處，而且想革就革，也不需要申請什麼牌照，那對組織來說，不就可以小革、大革，有事要革，沒事也革。革個不亦樂乎，革個不知東方之既白？「事實」也正如諸君所想像的，但「結局」卻出乎意料之外許多。革新是革了，但組織倒的倒、生病的生病、死亡（崩潰）的死亡，一點都不因爲革新的進行而稍見緩和及好轉。這是怎麼回事？吃錯藥（革新）了？答案倒頗接近的，雖然沒吃錯，折騰半天，吃下去的還沒吐出來的多。

現在，讓筆者我和諸君一起來探討，這藥吃不下去的原因（改革的陷阱）。首先，組織要不要革新，「要」或「不要」？就這麼簡單的一句話。對組織的主持人來說呢，他始終就是搞不清楚。他心理雖想「不要」但又說不出口，口中說「要」但心裡卻又想「不要」。革新於是便在他這種半推半就的情形下出來了。有時連站都還站不穩，就倒下去；有時好不容易站了一下子，似乎有點兒站穩，給旁人一么喝，高聲一叫嚷，就嚇得又躲了回去。爲什麼會如此呢？筆者我認爲：對組織的主持人來說，組織要革新，這是不得已的一項工作。如果組織活得好好的，不病不痛，要革什麼新，不是要觸霉頭？如果組織面臨崩潰的壓力，或要求改革的聲浪已經很大，此時組織的主持人會慎重地考慮革新，而他所考慮的重點是要如何有效地拖一下，使他在組織崩潰之前，能取得更多；而非是利用這有限的時間，讓組織能經由革新而起死回生。

對組織革新的呼籲，往往是來自組織的外面或是來自組織的基層，極少是由組織的主持人和管理階層所發出的。對組織的管理階層來說，工作即是革新。如果只是革新，不承認目前工作績效的話，那就等於承認自己的努力及工作不被人們肯定和認同，有心胸和雅量能接受以上事實的管理階層，在目前的組織內恐怕十分罕見，甚至可以說沒有。對組織的主持人及管理階層來說，改革絕不是一劑能養顏、強身的良藥和特效藥，而是一齊「毒藥」！是一吃下去就會讓他們立刻死掉，但又沒讓他們有其他選擇的餘地。爲了顯示自己的氣度寬宏和能接受不同意見，組織主持人和管理階層，只得裝得一副若無其事的樣子接下改革這一劑猛藥。縱使此時他們的內心幾經掙扎，甚至百感交集，私底下卻小動作頻仍，抗爭反駁不斷。

三分鐘熱度

用一些生面孔，從外面找人空降或自組織基層篩選，務必要找一些能言善道、勇氣十足而又不計榮辱得失的人。革新對他們來說，可讓他們有所發揮，讓他們至少可放手一搏。成功的話，對組織有益。不成功呢，也頂多成仁而已！對他來說，他們原本即一無所有，自然也就一無所失了。對組織的主持人來說呢，原來的那些管理階層，壓根就沒有要改革的意思，而且各擁山頭，漸漸已有不可駕馭的趨勢。今天，找那些生面孔來修理修理他們，如果成功，自然大好；萬一不成，至少也給他們一些警惕，未嘗不是一件好事；最壞兩敗俱傷，那不正中下懷！此時由自己再來收拾殘局，大權重握隨心所欲一番，不是平生快事？

三分鐘熱度對新事務的排斥，在組織內是極自然的事實。是否有恆心地推行下去和技巧地克服對新事務的排斥，是革新必須要克服的一個陷阱，但鮮有組織和人能順利地經過這一關卡而不受阻礙的。三分鐘熱度和對新事務的排斥，只是事實的部分現象，猶如冰山的一角，這浮在水面上的只是一小部分，問題的根源都被沉在水底下。人們三分鐘熱度的眞正原因，不全是人們沒有恆心，而是他們下意識地認爲：「這件事情不會成功，只午一場秀而已。」對新事務排斥的眞正原因，可能是他們擔心新的事務會搶走他們目前已熟稔的工作，或讓他們重新再去適應一種新工作和環境。於是他們畏懼和排斥革新，讓革新只做三分鐘，就做不下去，就夭折掉！

革新猶如一劑良藥，但要讓它對組織產生效果的先決條件，就是要讓組織「服下去」，只有服下這劑良藥，才能藥到病除或替組織養顏強身，讓組織能屹立不移。但要如何讓組織服下這劑藥，就必須要讓組織內的員工，同心協力地和革新小組的工作同仁配合，否則，這劑藥就無法順利地被服下去。對革新小組的成員來說，革新或許即是他的工作或職責；但對組織內配合革新的人員來說，革新絕不是他的工作，而是他除了工作之外的一項額外的配合。工作和職責是他每天所要面對的，做不好他馬上就會承受壓力和回不了家；「額外的配合」顧名思義就是稍具彈性，不是那麼地急迫，做不完還是會有明天的工作。這有點像「正餐」和「點心」，「正餐」已習慣性地被人們接受和天天進行著；「點心」不是經由長期培養和有錢有閒的話，是不會被養成一種習慣的！

人和為貴

再好的藥，最基本的一項原則是照著醫師的指示服用。如果不照醫師的指示服用，良藥也會變成毒藥！革新在組織中運作的時候，往往由於被誤用或有意的扭曲，將它變成一種毒藥，一種令人聞之色變、望之生畏的毒藥！日子久了，被誤用和扭曲多了，在人們的心中，已根深柢固地被認定了：革新，就是一種要坑人整人的、是有毒的、碰不得的，碰了就會一命嗚呼而死去的。那不論你再如何苦口婆心的講，開誠布公地說，對那些一直在被欺被騙的員工來說，他們有如吃了「秤錘」（鐵實了心），任憑你再如何翻雲覆雨地撥弄，都已沒法度了——革新很少有成功的！翻開歷史教科書上的資料看看，唯一的成功可能就是商鞅變法，「雖然商先生作法自斃」，已為他自己的變法的「成功」付出了他所能付的最大的「代價」（生命）。接下來的所有改革不是功敗垂成，就是雞飛狗跳！「爲什麼呢？」令人忍不住要問。原因倒是蠻簡單的，說穿了，就是沒有革新的「人才」。商鞅爲何許人也？爲什麼會找不到像商先生這樣的人？商鞅爲「不世出」的人才（即是他還活著的時候，就沒有別的人可稱爲人才的意思），被秦皇帝發掘後重用。秦皇帝爲他不惜動干戈於室內，整頓皇親國戚，建立制度於室外，明賞罰任用。於是國家（組織）大治，遂稱霸諸侯一統中國。這種革新的人才不但不好找，找到了也不見得能和主管及同事配合；能配合時，其他的阻礙和陷阱還梗在前頭。如果讓他事先得知，不論革新成敗與否都是死路一條的時候，天底下可能就找不到有那麼愛「現」的人了。

革新的不成功，有的時候跟上面所說的那「一大串」，壓根就沒那一丁點的關係。就是不成功嘛！有什麼好說的？命也！時也！怪「命」有點太消極，心胸不夠開闊；怪「時」，這倒是眞的。

時勢造英雄

所有改革不成功的原因，大體上來說，都和「時機」有關。同樣的一件事情，不論你又吵又鬧，別人就是相應不理。等你吵完了，累了，走開了，他老兄自己想了一想，這兔崽仔吵的也不完全是沒道理，是可以局部作一些修正或改變的。此時若有其他的人再提起這檔子事（自然，這人絕不是你），甚至建議比你當初的更差，格局更不體面，但他老兄卻是頻頻地點頭，不停地讚許……。「眞是太好了，虧你想得出來。呵！小子，眞有你的。」這要怎麼說，這就叫「時機」。所以要在做任何「事體」的時候，先不關心別的，我們先要相互地問一下，時機成熟了沒？「沒！」還要等多久呀？「不知道！」催下一下嘛，急死人了！

改革成不成，最大的關鍵點（key point）是在：組織如何對個人？員工如何看組織？組織若視個人如草芥、如垃圾，可取之不盡，丟了會再有；衆生碌碌，可使由之，不可使知之。員工若視組織如加油站、如旅館，只是停一下，錯過了馬上就到下一站。組織多多，百尺之內，何處無芳草，何必單戀一朵花？那還革什麼新？組織就早早宣布「倒閉」，員工翹著二郎腿，等著拿「資遣費」就是了。此時組織的主持人也用不著找醫生來，更不用打針配藥，只要護理人員，拿一塊白布，輕輕地將「組織」蓋上，然後躡手躡腳地走開就行了……。那接下來的事呢？筆者認爲，接下來就要禱告。來！閉上眼睛，跟著唸：「主啊！請祢賜福給所有在組織內的從業人員，讓他們知道，眞正去愛他們的組織；讓所有的組織也因爲照顧他們的從業人員，而得到應有的成長。主啊！只有祢的仁慈，能夠讓所有的利用、詐欺、陷害、陰謀和不名譽遠離組織，讓從業人員因爲有一個好的工作環境，能夠全心全力的投入而有所發揮。阿門！」

第七章

不擇手段定律

〔求才挖角出狠招〕

現代社會正陷入一片招才求寶的爭奪戰中；在詭計、陰謀、欺騙、壓迫無所不為的狀況下，組織若不出一些怪招，能有所斬獲嗎？

► 不擇手段定律：組織如要獲得人才，可以挖角，可以欺騙，可以恐嚇，可以買賣，且應不惜工本，不達目的絕不甘休！

徵才要有奇招，必要時企業可以不惜成本！

禮賢下士

現在時代不同了。由於筆者我的「冗員不滅定律」有效地被應用和擴散，使得召募人才的工作愈來愈困難。原來徵女傭的廣告只需要這樣寫：

「上班夫婦，需女性管家一名。工作時間每星期五天半，每天自上午八點至晚上六點，週六半天，週日及國定假日放假。待優，意者請洽管先生。電話：（〇三二）三三三四四四。」

在這則廣告上唯一需要注意的，是將「女傭」兩字改爲女性管家；特別強調週日及國定假日不上工這樣既顧到女傭的自尊，又合乎勞基法的規定，自然可以找到你想要的人（如果管先生想挑一個年輕貌美的，則要花上一點等待的時間，但終究是有的）。

更早期的徵女傭廣告，那就不必說了。爲了怕應徵的人數太多，經常將廣告寫成這樣：

「徵女傭，能每天在廚房熊熊爐火旁工作四小時以上，洗碗盤等工作二小時左右（如有破損，自工錢內扣除）。一年工作三百六十四天，農曆初二可回家休息一天。薪水不高，無假日及養老金，工作受傷時主人不負賠償責任。限女性未婚貌美家世清白。」

由於當時經濟蕭條，徵人的情形還算理想。有個叫什麼唐伯虎的，一口氣還用了九個，一時傳爲佳話。

現在可不行了！如果你老兄還是用以上廣告的話，筆者我保證你連隻「耗子」也找不到，更遑論「人」了。那現在要如何徵女傭呢（老實說是這種低賤的工作根本沒人願意幹）？如果你不死心，或可用以下的廣告試試看（不保證有效）：

「誠徵家庭女性管家一名，工作輕鬆，享有勞保及新光人壽保險，全年假日一百六十五天以上。不用洗衣服及碗盤、地板等（由清潔公司負責）。工作環境佳，有高級音響、電視、個人金套房。每週至少有兩次牌局。意者請洽：管先生。電話：（〇三二）三三三四四四。」

此時，萬一有人來應徵，應徵者：「每週確定有兩次牌局？可插花嗎？」我答：「保證兩次以上，插花當然歡迎。」於是應徵者眉開眼笑地說：「管先生，你不能騙我哦？萬一你騙我，我就會找我結拜的那些姊妹淘，剝你的皮，抽你的筋。」說著說著就噗哧地笑作一團，同時她那雙纖纖玉手，還有意無意似地在筆者我的身上摸了一把。此時筆者我或許可以稍微確定，打牌抽頭的策略見效，找傭人（女管家）有些眉目了。但也不敢失之大意，將自己的得意一下子表達出來。萬一不小心，讓煮熟的鴨子又飛掉，豈不可惜。

看了上面的例子，讀者諸君你或許會覺得招人眞不容易。但咱們老中自古有自己的一套徵才的法子。如：姜太公先生，是文王在河邊找到的；孔明先生呢，劉皇叔走了三趟茅廬，才將他請下山來。今天我們先不論智者樂水（太公），仁者樂山（孔明）的這些大道理。至少我們已經有了共識，要找到有用的人才，無論是上高山或下大海，都是有必要的。對組織的負責人來說，這就是他的工作和職責，不用躊躇，趕快去進行就對了（但是要走東海岸或西海岸？是上奇萊或陽明山？則有賴其個人之眞知灼見了）。

於是筆者我的不擇手段定律假設：**組織如要獲得人才，應該不擇手段和不惜工本，只要是有人才可召的地方和時候，即應全力以赴，不招到人才絕不停止！**爲了讓讀者諸君了解不擇手段和不惜工本的原則和精神，筆者我特舉咱老中一個很古老的例子來做個說明。故事是這樣的：

從前有一個皇帝貼出告示，要用萬兩黃金來求一匹千里馬。但事隔很久，就是找不到千里馬。有一天，有一個大臣，拿了一具千里馬的骨骸來覲見皇上，要來換取萬兩黃金。於是皇上不太高興地說：「我願意以萬兩黃金，來換取一匹千里馬，但我要的是活馬。你今天拿一具千里馬的骨骸，要來換取我的萬兩黃金，這似乎不合『孤』的旨意，你是在欺騙我嗎？」

那位大臣不慌不忙地答道：「臣斗膽，臣絕沒有半絲欺騙皇上的意思。臣以爲，皇上要千里馬，一時尋不著。今天有具千里馬的骨骸，如皇上您願意用萬金換取，雖然您一時還是沒能得到一匹活的千里馬，但是只要有活千里馬一出現，人們一想到皇上您連一匹千里馬的骨骸，都願意付萬兩的黃金來換取，那您一定是眞正知馬及識馬的人。於是那匹活的千里馬不獻給你，又要獻給誰呢？」皇上覺得大臣說的話有理，就同意以萬兩黃金來換取這具千里馬的骨骸。事隔不久，皇上由於識馬的英名遠播，終於很輕易地得到了兩匹活蹦活跳的千里馬。

由上面的例子，我們就很容易了解，要爭取人才時，不惜工本和不擇手段的兩大原則了。但在實務上不擇手段在應用時，還是有所限制。今天，筆者我依據各種情形，再爲大家來做個說明。

其一：可以挖角

挖角對自己的組織來說，當然是極好的一件事。員工不用自己訓練和培養，因此可以省去一筆訓練成本，以及忍受員工在成長和學習的過程中生產力降低的機會成本；又可因別的組織人員的加入得到活力和別家組織的優點，促成自己組織生產力的增加。花一筆小小的挖角費，即可收到如此大的效果，對組織來說，自然是極可爲的，也應爲的！

但在挖角的時候，除非有必要（如面臨生死存亡的關頭），否則，儘量不要去挖牆角上的磚頭。由於挖了牆角上的磚頭，對別的組織來說，牆角鬆動，整面牆的穩定性就差了；如果在挖時，不小心又帶走一些上面的磚頭，這問題可就更大了。

對自己的組織來說呢，你原本也是有一道牆。今天挖一塊牆角磚，極自然地想把它放在牆角下。這一放下去不打緊，整面牆都要重新排列組合一次。對牆來說，也不是一件容易的事（除非你原本就沒牆）。

但到底要在怎麼樣的情況下，可以挖牆角磚呢？又怎麼挖呢？筆者我再提出來說明一下：原則上泥土下的那排磚（董事）是不可任意搬動的，再上來的那排，雖然看起來是在牆角，但因爲下面還有一排，只要跳著挖，大體上不打緊，但要避免挖同位置的二排磚，這對別人不利，對自己也不好。

其二：可以欺騙

既然是不擇手段地招人，自然是可以用欺騙的方式把人弄進來了。如當初梁山泊的英雄好漢，有不少就是用各種方法，莫名其妙地被宋大王設計得逼上梁山的。男人和女孩子交往的時候，也常常使用同樣的策略，連哄帶騙地上了車，讓生米煮成熟飯再說。於是目前有些組織，用頭銜、加薪、入股……等手腕和技巧，引君入甕，這也是無可厚非的事情。反正，套一句俗話：「一個願打，一個願挨」，誰也怨不得誰。

筆者我認爲，因爲生不逢時（目前這種亂世），既然生下來了（組織），就要設法讓組織生存下去。如果跟呆鳥一樣，談仁義、講道理、有原則、要個性，那筆者我保證你（組織）活不過三天，就一命嗚呼魂歸西天去了。這樣不但愧對投資人的期望，也讓組織內的員工，因爲你的失職而流離失所。這就不對了！雖然筆者我因礙於現世，退一步講話（筆者我經常在退，因爲退一步海闊天空），同意可以用「欺騙」的方式招人和留人。**但是有一基本的大原則，就是對所有用欺騙方式招來的人來說，都必須要遵守的。那就是當「人才」被欺騙進來之後，要立刻與被騙的人講眞話**。告訴他之所以騙他，是因爲不得已，並非眞的要騙他。同時向他坦誠認錯，希望能得到他的諒解和原諒！也唯有如此，那些被騙進來的人，才能與你共患難、同進退，繼續地爲你去騙其他的人（梁山泊中的故事大都是這樣產生的）。

其二：可以恐嚇

或許用恐嚇這種詞彙，給人們的感覺太強烈了些。如果用談判的技巧或曉之以大義，讓員工照咱的意思，繼續留在組織，不敢任意（有所顧忌）離職，或去替別的組織效命。若是値得去做的，不管別人用什麼詞彙來形容這件事及你，你都不必介意。因爲對你來說，你已別無選擇。即使是「恐嚇」，你也要用，用到把人留下來爲止。

也許有人直覺式地認爲：恐嚇，就是惡言相向、惡形惡狀！那就大錯特錯了。老弟，時代不同了！老包袱、老思想，都收起來吧！**目前組織利用恐嚇的方式，不外乎送他出國到外面走一走，在回來後，必須和組織簽個一年半載的約。或給他們一些股票，**

又好心貸款給他；同時又替他保管一年半載的，讓他想走也走不了。最不上道的，就是當人要走時，怒斥其是忘恩負義的「小人」……。（這倒有些名副其實的恐嚇了）

筆者我認爲，這裡所謂的恐嚇，大致上來說都還是誘之以利（出去走走，或給股票）、動之以情（覺得不好意思），以達到組織留人的目的。其行爲雖可恨可惡，但其留才惜才的心情倒是值得人們同情及憐憫的。因此，筆者我只得又退一步講話，表示同意。（不同意又如何？）但同意歸同意，筆者我還是得建議：恐嚇只是手段，一種留才的治標手段和工具；眞正留才的治本法子，還是要讓員工心甘情願的留下來（像吸毒者迷上嗎啡一樣，因離開後會痛苦地死去），與組織共進退、共存亡，這才是正途！

其四：可以買賣

筆者我提出招才可以用買賣的方式，可能一下子不能被社會上的鄉紳和衛道人士所接受。甚至有人還會道貌岸然地說：「人又不是東西，怎麼可以買來賣去？太不像話了。是誰出的點子，又是那個叫小管的，對不對？這兔崽子一天到晚亂出餿主意，他到底又想搞什麼？（有什麼陰謀）」筆者我眞的還是既誠懇又很有耐心地，再給那些自以爲公正人士一個良心的建議：「請不要戴上那種有色的眼鏡來看我。不要以爲什麼事情都有陰謀；不要以爲蒙上眼睛，就可以看不見；摀上耳朵，就以爲聽不到。目前組織缺人手，已缺到水深火熱的地步。君不見重大工程，缺少人員，無法進行；工廠因缺少勞工，有訂單不敢接，設備要停俥；漁船因缺少船員，有船開不出去，有魚有蝦沒法捕。雖然政府法令明文規定禁止企業雇用外籍勞工，但是只要您佬推開窗子看看，滿街還不都是披頭散髮、口出菲語及泰語的外籍工人？

既然一方面組織有這需要，另一方面外籍勞工已經滿街跑（事實已經造成），您還是接受現況，面對挑戰吧！」（讀者諸君，你們不是當事人，或許看法比較客觀？你們評評理！）

筆者我同意可以用買賣的方式招人，那是退一步的講話（現在已經退第四步了，可憐！不知後面還有沒有路可退？）可以找外籍工人進來。（因爲我們缺人。即使不缺人，有些工作（如女傭）也沒人要做。）但如何進來、怎麼管理，要趕快擬定一個具體的辦法出來。像現在這樣，照規定不能，卻滿街到處都是，又沒一套辦法管理。這並不是筆者我樂見和樂聞的……。

不惜工本

說到訂辦法，筆者我可就是這方面的權威了。你們不論怎麼訂，都不會比我訂出來的好及有效。（是否有些不信？）因爲我的腦子跟你們的不一樣，你們生活在這個環境太久了，已經被環境同化，而我則不食人間煙火……。比方說嘛，你們最擔心的外籍勞工問題，就是來了以後，不走了。於是結婚生子，落地生根，最後造成劣幣驅逐良幣（有可能良幣驅逐劣幣），讓你們混不下去？（這就是你們最怕的，是嗎？）於是，你們會想，如何來擬定一套辦法制止以上的假設發生？這個簡單，讓筆者我來告訴你們——只要我們在接受外籍勞工入境申請的時候，明文規定如下：外籍勞工限制是未婚男女，國籍不論，如在受雇期間受孕或結婚，則立刻放棄資格；同時遣返回原籍。工作地點女性限制在台中以北，男性則限制在台中以南。台中不得有任何外籍勞工存在，即使連過境及度假皆不被准許。（同意的話，問題就大了。男男女女，什麼好事做不出來。）

以上條文如此擬定的原因，是考慮到國內目前的實際狀況。因爲北區商業化程度較高，服務業發達，需要較多的女性勞工；南區是製造業的大本營，較缺少男性員工。將男女外籍勞工分開的優點之一，就是讓將來管理外籍勞工的單位，在執行上很容易判定（只分男女），因此在管理上就容易多了。優點之二，是男女分開，萬一有那麼一天，要遣返他們時，由於都是單性，力量不大，問題自然就容易解決了。

除了以上的不擇手段之外，另一要件就是不惜工本。在不惜工本方面，組織要具備的先決條件是，組織必須資本雄厚，否則，你想要不惜都不行！就以上面「皇帝和千里馬」的例子來說，如果皇帝沒有二、三萬兩的黃金，則他的千里馬還是求不到的。

那到底組織在不惜工本和招用人才之間，有多少程度上的關係呢？這一點由於牽涉到的變動因素太多，筆者我尚在研究之中。只要一有結果，就會馬上發表出來，讓大家知道的。至少，目前筆者我已經整理出一個簡單的數學公式，來解釋和表達以上的關係。公式如下：

$$Y=V^{n}+F\frac{n+1}{2}$$

Y是組織招人工本的總和；n是招人的人數；V是每增一人的變動工本；F是每增一人的固定工本。

由於組織性質的不同，因此以上的V及F自然也就不相同。一般說來，組織愈大，科技層次愈高，V及F也就跟著成長。但有的組織，因爲有很好的信譽，此時V的變動工本數字，又會顯示出奇的少，F部分則和別的組織相當。

爲了比較組織和組織之間的相異水準（L），我們可將公式改爲：

$$LA=\frac{V^{n}+F^{\frac{n+1}{2}}}{Y}$$

LA代表A組織的用人工本水準係數，通常都用百分比來表示。筆者我報告到這裡，或許讀者諸君會認爲，對組織招人不惜工本的研究，已經有了相當的成就。但筆者我還是認爲：這件事情，還是有待再深一層的研究……。

第八章

坐地分贓定律

〔企業調薪學問大〕

不在多少，不在高。「調薪」多也好少也好，高也好低也罷，結果都是——「天怒人怨」外加「雞犬不寧」！

► 坐地分贓定律：不用你錢，不用我錢；賺也調，賠也調；既要調，就不得少。

加薪，得靠手氣，也要運氣！

二桃殺三士

要懲罰員工，有時用不當的獎勵方法，比直接當面指責，會來得更有效果。聽過晏先生「二桃殺三士」的故事嗎？從前，齊王爲了他有三個權高位尊的大臣，非常地不舒服，於是晏子就替他出了個「點子」，內容是這樣的：次日，齊小在早朝宣布，這裡有兩顆桃子，朕將它賞給對國家最有功勞的人來吃。但有功勞的人有那麼多，到底要賞給誰呢？三個大臣開始爭奪，各敘自己對國家的功勞。最後有一個大臣奪得桃子，另外兩個大臣羞愧而自殺。奪得桃子的大臣，得知另外兩位大臣因他而自殺的消息，心想：「我爲了桃子逼死兩位重臣，我這種人還算是人嗎？不如一死了之！」於是他也自殺了。齊王因爲用晏先生的妙計，以兩個桃子，除掉了他心頭上的三個大患，這就是用獎勵（不當獎勵）來消除「敵對」的最佳例證。

在組織裡面，一提到「調薪」，從十七、八歲的小女孩，到五、六十歲的老先生，都會有許多不同的意見。他們會不論組織營運如何，同行狀況幾許，都非爭得面紅耳赤，爭得自己比別人多那麼一點爲止。他們爭論的「焦點」，只是在最後的調薪「結果」，而不管調薪的原因及基礎。只要結果是令他們不滿意的（比別人少），他們便吵個天翻地覆、雞飛狗跳！筆者我的坐地分贓定律於是產生：**調薪之良窳，取決於員工對調薪「結果」的滿意程度。滿意程度取決於員工與別人的比較「差額」，「差額」愈小，滿意程度愈佳，而之亦然。**下面有一些例子，便是組織爲了適應坐地分贓定律的特性，所演變出來的情形，讓我們繼續看下去。

於是有一種簡單的調薪法子便應運而生了。即是今年調八％，則全部的人員都調八％。這雖然還是會有問題，因爲老李的八％不等於老王的八％。但如果一律都是以八％作爲基礎的話，對發出抱怨的員工來說，還是能自圓其說的。有的時候爲了區別一下，老是全體平均八％總是不太好。於是提出二〇％的人員九％；二〇％的人員七％；其他六〇％仍是八％。爲了適應坐地分贓的原則，這九％及七％的人員，大家就用輪流的。今年輪到你，明年就輪到他。反正是一年輪一次，所以也沒有什麼差別。

見者有分

由上面的說明，我們就不難了解：所謂坐地分贓的行爲，即是在於「不分優劣，見者有分」。這有點像小偷在分贓物，只要是「行動」成功了，所有參與的人都要分到一份，不論他在「行動」中扮演著什麼樣的角色。甚至，連根本沒參與的人，只要在過程中被他看到了，他就可以要求分到一份，這就叫做「見者有分」！坐地分贓的精神則在於，反正分的「標的」不是自己的，是偷來搶來的。對參與行動的每一個人來說（包括不小心看到的），只要他不合作或去報案和告密，則不但前功盡棄，還會使參與者身繫囹圄！這關係著大家的身家性命，可不是鬧著玩兒的。爲了息事寧人，最好的法子就是如上面所說的「見者有分，坐地分贓」！

這種「不用你錢，不用我錢；賺也調我，賠也調我；既是調我，不得少我」的事情做多了之後，總會碰到一兩位聰明天生的主管，他會想，今年雖是輪到老李調甲等（九％），但老李已是提了辭呈的人了；老張平常又最會叫，就把老李的甲等（九％）給老張吧。這對坐地分贓的定律來說，是個很大的突破！但由於老李既是快要走的人了，一般來說是不太會叫的（叫了也不理他了）；而最會叫的老張，又平白地拿了個甲等，自然是皆大歡喜！

坐地分贓的另外一個最大隱憂，就是八％地一年年調下去，調個八年十年，也是頗可觀的。他一樣可以把一個小妹兼做歐巴桑的職位，調成一個工程師的薪水（甚至更高）。但由於制度如此，為了遵守坐地分贓的原則，只得一直玩下去，愈玩愈心驚，心驚還要玩！

但是碰到天生聰明的主管，他一想覺得不對。便會修改坐地分贓的法則，他把組織人員分成幾個階段，每一階段用一個不同的調幅；同時設個「天花板」，超過「天花板」的不調。這雖然有點不太像坐地分贓的法則，但由於是依據坐地分贓法則演變而來，同時又能克服坐地分贓法則漫無止境上調的缺點和壓力，於是很自然地，就被社會大衆和組織內的管理階層及員工所接受。（雖然此時抱怨之聲已比以前多了許多。）

大餅上的芝麻

對組織的主持人來說，組織是以繼續經營為「假設」及「標的」的。既然是要繼續經營，就要根本上來改善調薪問題，而不能僅靠一兩位聰明天生的主管，局部性地來修改一下坐地分贓定律。比如說吧，如果今年不賺錢呢？是否還要分（調薪），分多少？這可是他老人家最關心的。於是他想出了一個法子，反正如阿Q定律所論：「調薪之良窳，取決於員工對調薪『結果』的滿意程度。滿意程度取決於員工與別人的比較『差額』，『差額』愈小，滿意程度愈佳，反之亦然。」好，我不會破壞你們的定律，我也不管你們怎麼個坐地分法。但是我依據組織的營運（由我計算），每年給你們一個額度，你們就照這個額度好好去研究研究吧！

這下可慘了。雖然，組織內的主管仍然用那一套坐地分贓大法分呀分的，但愈分愈不對勁。原來是分大餅，現在似乎有些像在分大餅上的芝麻；芝麻這麼小，眞不好分。員工呢，比呀比的，在組織以內比，比了半天「鴨蛋比零」，似乎差不多。但跟外面一比，那可差遠了。自己好像上了賊船，辛苦了半天（一年），不但沒被調到薪，還被剝豬玀，這像話嗎？於是員工的怨氣沖天，沖到組織的主持人。主持人有些不好意思地解釋著：「公司去年實在不是很賺錢，帳面上的那些Profit（盈餘），都靠咱營業外的項目賺的。你們不是喜歡比嗎？都沒什麼調，不是很公平？什麼跟外面比？哦！坐地分贓是還要跟外面比，我不清楚，眞的不清楚，如果要比外面，那法則可以重訂呀！」

於是調薪的規則又被組織的主持人重新修訂了。「好！要比，你北（爸）讓你比不成，看誰卡厲害？」新規則是這樣的：員工每年調薪一次，調薪日是員工服務滿一年時的到職日。每人調薪幅度是按照同業水準、個人考績及公司去年營運結果，由總經理決定，隨時作必要之調整。由於照新的規定，每天都有人在調薪，組織的主持人同時可以參照員工的性質（有人老實、有人凶），作一些必要的調整。由於原來的坐地分贓定律規則，在這種情形下，也比不出一個「名堂」，也不知道要比什麼？於是員工的神志陷入了一片迷亂的狀況，員工只得不斷地努力工作，不停地工作努力。等做滿一年，等調薪、等跟別人比。（但他們真的不知道要跟誰比，又怎麼比？）

第九章

亂點鴛鴦定律

〔不按牌理的升遷〕

升遷，不管你要不要，願不願意？時間一到，你就像丈二和尚地被按上去。升遷，不問他是誰，合不合適？命令一來，他就莫名其妙地一步登天。

► 亂點鴛鴦定律：晉升是由上面刻意的安排，不是由於個人努力的結果。

今年的遊戲規則是：摸到紅球的人升官一級……

勞倫斯・彼得（Dr. Laurence J. Peter）先生認爲：在一個階級的組織中，每個人都可能被晉升到其「不能勝任」的職位。於是勞倫斯・彼得先生就繼續他的推理：當員工到達其「不能勝任」的職位時，他便產生惰性、增強慾念、專管小事……。他舉了很多的例子，來證明他的原理，說明那些「不能勝任」的人，在組織內所幹下的蠢事。如：道路的維護人員，將躺在公路上的死狗漆成黃色的交通標誌；紐澤西州丹維爾的法令規定，所有的消防栓都必須在火警發生前一小時全面檢查。

與努力無關

於是勞倫斯・彼得先生開始迷惑，他極力地想去了解，那麼多人幹下的蠢事和一再失誤的原因。到底是有那麼多「不能勝任」的「傻勁努力」的結果，還是那些信口雌黃的小丑所演的鬧劇？他的心中長久以來，就存著一份「困惑」——無法確定這個世界，是由一群「無能但有誠意」的人在運轉，或是始終有一群「聰明絕頂」的人玩弄大家於股掌之中。

勞倫斯・彼得便提出兩項偉大的發明。其一：**創意性不勝任**。個人經由這項創意性的不勝任之行爲，得以在他勝任的職位上愉快地待下來。他本人就是一再地利用創意性的不勝任，將自己成功地留在他勝任的職位，後來才能順利地完成他的彼得原理（Peter Principle）。其二：**個人在晉升之前都是勝任的，然後被晉升至不能勝任的職位**。今天我們看到社會上的那麼多蠢事和一再的失誤（loss），都是以上的這項原因所造成的。我們爲了避免個人被晉升到不能勝任的職任，只能技巧地使用創意性的不勝任，將自己留在原來勝任的職位上。這不但是有益於個人，同時對組織及社會也是有益的！

筆者我發現，目前的情形並不如勞倫斯・彼得先生所說的。其一：個人的晉升，不**是由單一的勝任晉升至不勝任；至少還有從勝任晉升至勝任及不勝任晉升至勝任和不勝任的。其二：個人不因爲被晉升至不勝任而岌岌可危。其三：個人的不勝任和組織的績效沒有那麼直接的相關。階級組織至少能容忍一部分個人的不勝任，而不致影響到它的績效！**

筆者我的亂點鴛鴦定律是這樣的：**晉升是由上面刻意的安排，不是由於個人的努力的結果**。這有點像我們歷史故事中的喬太守亂點鴛鴦譜，他老大點下去就算數。也不管你願不願意、喜不喜歡及合不合適？自然更不論將來是生男生女或百年好合？

我原本一廂情願的認爲：晉升都是由於個人自己的努力工作和力求表現而得來的。不過，目前至少可以相信，個人的努力和力求表現，頂多只能讓上面的人知道他個人有想晉升的意思而已。到底要不要晉升該員，則和該員的是否努力工作及力求表現，完全沒有相干。要晉升怎麼樣的人呢？在不同的時機（Timing）有著不同的考慮，筆者我分別說明如下：

找反應慢的人

在上司要走的時候，如果他留下來的是一大堆偷雞摸狗見不得人的事，此時他所要物色的繼任人選，八成是一個反應較慢的人。因爲他知道，只有這種人，可以替他隱瞞他所留下來的那些「勾當」。

從該員的接任新職的那天開始，一直到他的不小心發現問題的時候爲止，已經有一段好長的日子（這就是上面當時所設計的）。再加上該員原本的反應就不快、個性又多猶豫，有問題也不知道如何反應和向誰反應。等到他眞的狠下心腸，準備反應問題的時候，才發現這件事情由自己負責已經很久，如果扯開來，自己也是脫不了關係。於是，經過再三的思索，只得將問題再壓下來……。

於是在夜深人靜的時候，該員經過多次的斟酌及思考，才開始慢慢地體會到，當初上面的人爲何那麼熱心地一直要晉升他起來？但是事情既然到了今天這個地步，再煩再想也已是枉然。只是走一步算一步了……。

找服從性強的人

上司要走的時候，如果是因爲筆者我冗員不滅定律在組織內的擴散和有效地被發揮及應用，此時，物色晉升起來的人選，將來還是在自己的管轄範圍之下。一般說來，此時要物色的繼任人選都會偏向於找一個服從性強的人來晉升。至少這會有兩點好處。

其一：由於冗員不滅，組織內的人會愈來愈多，於是人和人之間的關係和相互爲對方所製造的工作，便會如雨後春筍般地交錯糾纏不清。此時，一個服從性強的部屬，對上面的人來說，是有迫切需要和必需的。如果沒有了這類的人才，上面的人不但會疲於奔命，而且會被逼迫得不知所措。

其二：晉升原本就是要享受生活和工作樂趣的。今天一方面晉升下面的人，另一方面也是自己平步青雲又上一層樓的時候。為了要使自己能安穩地坐在上面，保持這幾年來「傻勁努力」的成果，找一個服從性強的人，放在自己的下面，可隨時使喚和派遣，不亦樂乎？

找膽子小的人

膽子小的人，由於怕事，對原來老闆所留下來的一些習慣和規矩，都會刻意一成不變的保留下來。這也有一個好處，如果哪一天你老大心血來潮，想走回來瞧瞧或看看，當你走進原來的辦公室的時候，你發現你眞有賓至如歸的感覺。此時，這一份感激和體會是不可言喻的。

晉升膽子小的人起來還有另一項好處，就是你可以享受他那份既驚且怕的神情和態度。在你開始和他談起這件事的時候，他的忸怩和羞澀的神情，眞會讓你受不了；但當事情確定，人事命令發布的時候，他的惶恐和感激的態度，可也沒有絲毫的做作！

最後，如果你有什麼未了的心願、沒有完成的工作、親朋好友的請託……，你都可以找他，讓他替你完成。他會做得一絲不苟，和你在位的時候一模一樣，不會有所差別。此時你才會眞正刻骨銘心的體會到，當初安排這個膽小如鼠的傢伙晉升，總算沒有枉費了心機！

找會表現自己的人

有時候上司要走，連他自己也不知道。在這種情形之下，會表現自己的人，就非常地有機會了。

由於以上的狀況，一般說來不是意外就是橫禍，來得突然，又沒有任何的徵兆。於是上司說走就走，繼任者立即就要被晉升上來。此時對會找機會表現自己的人來說，就是一個千載難逢的良機。

表現自己的方式有很多種，筆者我今天就其四大要點，分別說明如下：

❖第一：引人注意

「引人注意」本身不涉及對錯及好壞的問題，它只是單純表示能先引起上面的人對你的注意而已。只有你已被注意到，你才有進一步的引起上面的人對你產生興趣和被肯定的機會。否則，在云云衆生之中，你永遠也沒有出人頭地的機會。

引人注意最簡單的方法，可先從生活的方式和習慣做起。如：騎輛自行車上下班、整天握著一罐可樂、理一個輕爽的小平頭……等。其他如：在開會中適時的發問、由衷地讚美上面的英明並不斷向外界宣揚、額外熱心地爲上面的人服務……等，都是會引人注意的很好法門。

❖第二：堅苦卓絕

這點對要求表現自己的人來說，在實務上是比較不易被執行的。但這也並不是表示，要老兄你整天不吃不喝，沒有了七情六慾。只要在緊要的關頭和節骨眼上，如：颱風天的夜晚，你可在工廠裡巡視。但你如此辛苦的付出，他老大不見得會知道，於是你得找一個理由，用電話向他請示：「老闆，現在風很大，工廠屋頂有些漏水。我一時找不到東西，已脫下我的襪子，將漏水處堵住。其他的地方一切正常，請你安心在家休息，工廠由我……」

❖第三：見識卓越

見識卓越的意思不在對「見識」本身的卓越，而是在對「主子」的利益所表現出來的卓越。卓越的「見識」並不一定要完美的、最優秀的；有的時候那些次好的、對上面有利的「見識」，就算是卓越的了。諸葛孔明先生給劉皇叔的卓越見識是三分天下，而非一統中國；陳平先生三出奇計為劉邦先生安定天下，都是一些不倫不類的點子，但都可以解決劉邦先生的「燃眉之急」。今天要你給上面提出的「意見」，不論意見的本身如何，只要是對上面有利的，就算是好的和卓越的了！（你千萬可別冒冒失失地，提出一套冠冕堂皇的道理，讓上面的人只得搖頭嘆息！）

❖第四：製造聲勢

「造勢」在目前的社會裡，是最佳表現自己的方式之一。筆者我在以上所談諸多表現自己的方法，都是由自己出發、自己推銷自己的。而「造勢」的精神，則是在於如何利用群衆的力量來表現及推銷你自己！這種表現自己的方式，在表達上雖然比較迂迴和不直接，但是在實務和效果上，卻是十足最具有威力和樂於被人們所接受的。

空降部隊

其實，如照筆者我的亂點鴛鴦定律，上面的人在處理晉升的人選時，不是如前面所說找反應慢、膽子小、服從性強及會表現自己的人，而是用「空降部隊」！空降人員，除了從不相干的外地找來的，也有用以下的方式產生的。如：將乙單位的人晉升至甲單位、丙單位的人晉升至乙單位、甲單位的人晉升至丙單位。

這對上面的人來說有什麼好處呢？從筆者我的組織庸妒症中的原理即可得知：由於新主管都是從外地空降所產生的，其個人對上面的服從及依賴性都會較強，也易於接受上面的控制；由於新主管不是在本地土生土長的，其個人和下面的員工不容易打成一片，也不易形成反對的力量。這對上面的人來說，對他的服從及依賴是他一心所求的，不會形成一股反對的力量又是他衷心所願的。於是，求仁而得仁。用才而得才，不是大快人心乎！

當然，「空降」也是有它本身的缺點。首先，這會使得原來在自己工作崗位上努力工作的員工，失去他之所以要努力工作的主要「誘因」。於是他開始迷惑，人爲什麼要工作崗位上努力工作？反正努力工作的結果，也輪不到他有晉升的機會，他爲什麼還要如此孜孜矻矻地……。

但事情有時還不至於發展到這麼糟糕的地步。此時上面的人，或許會告訴他們另一個新的努力「方向」，那就是「空降」到別的單位去「晉升」，在以前的經驗裡，有太多的這種成功例子。於是員工很容易地，又被上面的人說服了。於是他們又開始努力地工作，同時力求在工作上的表現。

「空降」的另一項缺點是被晉升的人不容易和下面的人處好及不能很快地進入狀況。不能處好的原因很簡單，因爲他老兄「空降」下來，擋了別人的出路；不能進入狀況的原因，則是因爲在這個新環境裡，沒有人願意主動地教他和點他一下。如果他老兄去請教別人呢？他得到的答覆也恐怕是不太清楚或模稜兩可。

付出代價

爲什麼會如此呢？其實別人的想法是：你老兄今天既然能莫名其妙地蹦出來，當上別人的老闆，自然應該是有你的道行和辦法，否則你老兄如何能當別人老闆？因爲今天俺只能看你耍，不能幫你！要幫你至少也要等你平安地過了今天的這一關後再說——

於是在那「空降」老兄見習的時間，組織可能就要付出一筆不大不小的「見習費用」。平常這筆費用是不會很大的，對組織來說也是可以承受的；除非老兄他眞的是那種反應很慢的人或面臨其他緊急狀況，否則這筆見習費用的支出，上面的人早將它列在年度的預算之中，已是組織內全體人員都心知肚明的事了。

前面所說的其他緊急的狀況是什麼？大體上可分兩方面來探討，其一：當「空降」發生的時候，每次下面的人都會被上面的人說服，於是他們又開始去努力地工作……。

如果下面的兄弟發現自己是被騙，而且被騙還不止一次的時候，他們會開始採取反擊的行動，從怠工、個人離職或大夥集體的跳槽爲止。此時上面的人和那位「空降」老兄，就要大費周章了！

其二：害人之心不可有，防人之心不可無。爲了避免以上事故的發生，讓上面的人和那位空降老兄在手忙腳亂之中，難免給組織帶來不幸和損失，他們須先做好一些有效的預防工作。如在「空降」之前，先將那對下面最具「影響力」的人調開，再找所有下面的人進行個別洗腦。如果在這個洗腦的過程中，發現有不知道變通或不會辨別顏色的，也只有一併做掉了。於是大功總算告成，最後只要再找算命先生選定一個黃道吉日，就可以宣布空降的地點及空降人員！（有的時候，由於被「做掉」的人實在太多，他老兄有可能把他原有的狐群狗黨，一併帶來參加此次的跳傘大會。）

＊＊＊

牟旺財：小張，最近還好嗎？有聽說到什麼——

張起仁：聽說我們蔡先生要被調走……

牟旺財：這只是在組織上作一些必要的調整，使得整體的績效更能夠發揮。

張起仁：副總，那誰來當我們的經理？會不會是王布（不）……

牟旺財：王經理非常地細心，雖然他沒有實際的人事作業經驗，但我相信他有能力將這件工作做好。

李巧娟：副總，張起仁在本部門工作了五年多，對人事作業都已經非常熟稔、工作又認真，為什麼不晉升張起仁？

牟旺財：哦！其實小張也是頗適合的人選。但是由於我的祕書最近離職，一時也沒有找到適當的人，因此，小張從下個月起，先暫調至副總室做我的機要助理。小張，沒問題吧？

張起仁：副總，這樣好嗎？我做人事做得好好的……

牟旺財：老王的總務課長王小路，一直想熟悉一下人事作業……，我看老王他頗堅持的。

張起仁：這什麼算什麼嗎？（嗓門大了起來）

李巧娟：副總，這一切都定案了嗎？有沒有可能改變？

牟旺財：我和老王都想聽聽你們的意見，大家談談也好。我看這樣，等一下，我去找王老，再個別和你們談一下。你們有意見，都反應給他，我們會妥善處理的。

（張起仁幾乎是絕望地看牟副總剛離去的背影——。他雙手緊握拳頭，由於握得太緊，指甲刺痛著他的掌心。但他真正受傷的不是手掌，是他的那顆破碎的心……）

李巧娟：小張，下班了。我們回去吧！（聲音有些喑啞）

張起仁：妳先走，我想一個人靜靜地在這裡坐一下再回去——

＊＊＊

由前面的說明，至少讀者應已經對筆者我的亂點鴛鴦定律，有了概略的了解。

接下來要談筆者發現的，個人的晉升不完全是從勝任晉升至不勝任；個人也不因爲被晉升至不勝任而岌岌可危。個人的不勝任和組織的績效也沒有那麼直接的關係。

擋不住的升官運

在實務上有時候是非常奇怪的，一個人如果時來運轉的話，從一個小科員幹起，升上了科長（空降別地方的），科長的椅子還沒有坐熱（根本還談不上勝不勝任），就又被空降去主任的位子了。正準備在主任的位子上好好有所作爲，上面的人事命令下來了，一下子升到次長的位子上。此時，他老兄眞的有些不想幹了，於是遞上辭呈（心想這樣一路升上去不是辦法，有一天摔下來不是鬧著玩的）。上面一看到辭呈，馬上又替他安排了部長的位子，怕他不肯坐下來，於是義正辭嚴地告誡他：先生不出，奈天下蒼生何？（其實，他老兄眞的想說的是：我何德何能？）

當然，這一次他眞的拒絕了。「我不能——」（這絕不是謙虛和做作，而是發自他的內心）於是上面的人，對他就更加地推崇及信任了。看他經歷完整（每一項職位都幹過，不論幹多久，有何建樹），態度謙和（從次長的職位開始，就有不戀棧的心胸。不論他是眞謙虛，還是怕坐那種令他耳鳴頭暈的位子），光是那種不亢不卑、不貪不求的態度和人品，那些原來的次長，就沒有一個人能夠跟他相比，今天不晉升他，便找何人？（當然，上面的人眞的不知道他是怕，怕從很高的位子趕下來。他雖沒有掉下來過，但是他已經相當清楚，他目前位置有多高，高得足以使他在掉下來的時候，會找不到自己的眼鏡。）

眞正讓他接受這位子的壓力，不是來自上面的人及社會上的輿論大衆。而是來自他的庭訓：「阿勇，你知道你的名字爲什麼單名一個『勇』嗎？就是你父親他認爲，現在的社會競爭那麼激烈，你將來一定要勇敢地面對它。今天，上面的人要晉升你，你怕什麼？要知道，官愈大愈好做（這句話學問大）。部長又怎樣？下面有一大堆碩士、博士、專家，有不懂的請他們寫報告上來就是了。其實，總統更好做，你信不信？（不懂會出問題？）不會啦！上面的人不需要『懂』，只要『勇』就可以了。」於是他想一想，人不能太自私。就是拚著自己被摔死，也要坐上去！好讓爸媽高興，以我爲榮！

讀者諸君於是會開始替這位新晉升的部長操心，我們的那位阿勇兄，當上了部長之後，會勝任愉快，同時又有建樹嗎？

其實這個問題，不勞讀者諸君操心。在目前的社會裡，在上面做官的，只要沉得住氣，不論大小事情，盡量少開口，多聽聽別人說。回辦公室後多作研究，搞清楚後再下評論，這就八九不離十了。

怕只怕，像前兩任的部長喜歡作即席演講，和新聞記者一問一答，再經媒體渲染一番，那就沒完沒了的了！（哎喲，么壽哦！阿勇從小就愛講話啦……）

第十章

過猶不及定律

〔激勵的兩面刃〕

「激勵」對組織來說，是要維持其生命所必需的東西（養分），如：水、空氣、陽光及食物。沒有「它」，組織會活不下去；有太多的「它」，組織也會受不了！

► 過猶不及定律：激勵是有風險的，不當激勵給組織及員工所帶來的傷害，往往大於不作任何激勵。

激勵的方法很多，但是如果太過火了，
會給員工帶來傷害。

一般人都有種先入爲主的想法，以爲既然激勵是那麼地好，就要好好地多利用它來強化一下組織的體質，讓組織能在充分的激勵之下，成長得更碩壯及更健康！其實，事情不完全是這樣的。任何一樣東西，過猶不及都是不好的，這激勵自然也不例外。

其實你不懂我的心

＊＊＊

在萬聖節的前夕，老闆突然心血來潮，於是交代總務部的小王，替每一位公司同仁準備一隻烤火雞，送到同仁的家中，讓大家都能過一個愉快的萬聖節。心想：「今年公司經營得不錯。萬聖節嘛，大家要吃烤火雞，今年由公司請客！」

老闆第二天上班，發現有兩隻烤火雞，被摔在他辦公室的門口。他覺得既訝異又迷惑，於是便問小王到底發生了什麼事情？小王回答說：「他們兩個都嫌自己的火雞比別人的小，很生氣，於是就……」小王忿忿不平地接著說：「其實火雞哪有什麼大小？實在是太過分了——」

＊＊＊

激勵，簡單的定義：是老闆給員工的獎賞和實惠，讓員工覺得滿意而更努力工作，或員工因爲工作努力而受到應有的肯定。老闆有時不會這麼想，他會認爲：今天我心情不錯，我來請客，每人一隻烤火雞。反正是激勵嘛，就是給員工一些好處，今天給大家一隻烤火雞，不是很好嗎？（這好是好，只是明天有人會把烤火雞摔在你的辦公室門口！）

有時，老闆的想法太注重在他自己的身上。他一廂情願地認爲：所謂激勵就是我給員工什麼，而非員工應得到什麼及想要什麼？如果在這一點上，做老闆的人不能徹底領悟的話，激勵這項工作對做老闆的他來說，是不會有做好及做成的一天。

激勵爲什麼要員工滿意呢？其實這個道理並不難，因爲激勵的「受者」是員工。如果老闆所激勵的東西，被贈送的員工不能滿意及認爲不是他所要的和比他所要的少，於是員工就不以爲然或心裡不是滋味了。老闆如此時還自以爲激勵已經完成了，則對事實來說是沒有意義的。

送者大方，受者實惠

激勵就是因爲得到了員工滿意的回饋，員工才會因激勵而更努力的工作，或員工因工作的努力被肯定而繼續維持其努力的工作，這是極正面和有意義的。如果老闆將激勵演變成他老兄一人很滿意，員工不是莫名其妙，就是大不以爲然，那對公司來說，也就是得不償失了。

如何能將激勵做到「送者大方受者實惠」，這是激勵成功的不二法門，也是身爲老闆的人必須要特別注意的。在實務上，有時適時地給員工一個微笑、拍拍員工的肩膀……，就是一種很好的激勵員工的手段；而非是任何的激勵都要大張旗鼓、勞師動衆的。（千萬不要見到任何員工都露齒微笑，他們會以爲你是白痴；不論男女都拍拍員工的肩膀，你會被告是性騷擾的。）

有效的激勵往往是出乎「受者」意料之外的，這一招劉邦先生用得最多。如有人要見他，先不去理他，或一邊洗腳一邊見他。等把對方惹毛了，氣跑掉了或破口大罵時，才找人把他追回來，出乎意料之外的，封他個大司馬或大將軍。於是「受者」在失意之中，突然受到如此大的激勵，此時此刻他既惶恐又感動，能不爲劉邦先生賣命工作嗎？

有效的激勵有時是「受者」平時所不敢奢望的，在實務上這一招用得也很多。如某甲一直想買一台除濕機，因爲最近天氣不好，雨又下得很多，加上家裡又有了小孩，除濕機便變得更形重要了。於是老闆就給某甲一項任務，限定他在一定的時間內完成。工作完成後，除報請公司獎勵外，老闆另附加一台除濕機作爲獎品。在這樣的安排之下，某甲能不全力以赴嗎？

激勵的有效和即時的給了激勵，也有著很大的關係。當員工做得很好，或需要加倍的努力完成目前的工作時，給予一些激勵是有必要而有效果的。**老闆不能因爲自己心裡高興而隨時給員工激勵，應該是員工需要老闆激勵的時候，才適時地提供激勵出來給員工，滿足員工的需要。這樣對組織、老闆和員工三者都能受益，這才是激勵的一種正常和合理的模式。**

給得好不如給得巧

太早的激勵，會讓員工忘了他的責任和他必須努力的目標。有時甚至會給員工帶來一種誤解，以爲這種激勵是很隨便和輕易即可獲得的，員工不需要做太多的努力和花太多的時間即可得到的。這不但破壞了激勵員工的原始意義，也會誤導員工應該努力工作的方向，是不對的。

太晚的激勵，會讓員工受到傷害和對公司及老闆失去信心。以為這麼努力的工作和額外的完成任務，竟然不受上面的重視；沒有得到應有的激勵，為何還要再努力不懈的工作？同時對老闆的公平、公正也失去了信心，於是負面的一些事實在組織內都已造成。最後激勵雖然來了，但是以上的影響，一時又都無法完全消除。對組織來說，既然是要激勵，為何又姍姍來遲？是不智的。

正確和聰明的激勵員工的時機，有如咱一個人一隻手拿著紅蘿蔔，另一隻手提著個棒子，趕著騾子往前走。首先，它讓騾子清楚的看到，紅蘿蔔就在前面（激勵因素），只要你（騾）往前走就可吃得到它；如果你（騾）不走呢，我就用棒子（懲罰因素）打騾。於是騾只得往前走，因為往前走可以吃得到紅蘿蔔；不走不但吃不到，還會馬上吃到棒子。如果你老兄是騾的話，告訴我老兄你走不走？走，對不對？

但是，老是這樣地走下去也不是辦法，因為紅蘿蔔是拿在咱的手上，只要咱不鬆手，騾子雖然是拚命地向前走，眼珠盯牢著紅蘿蔔，以為自己再走兩步就可以吃到它。但是愈走愈不對勁，因爲你（騾）在走，好像紅蘿蔔也在走。稍一猶豫，背上的棒子馬上又會打了下來。於是你（騾）只得接著再往前走，只要走兩步，就有紅蘿蔔可吃……。

正確的激勵時機在哪時呢？就是在咱認爲到了目的地的時候，此時就得鬆手，讓紅蘿蔔掉下來，激勵騾讓騾吃到它。否則，騾再笨——，老玩這種看得到，吃不到的遊戲，牠也是會不幹的！（它眞幹，你老兄忍心嗎？）

但在實務上，一般老闆所要激勵的員工，都會比以上的騾要聰明一些。因此，對激勵因素的設定，不但要明確（大家看得見），而且對完成工作的程度，也要作適度的說明。激勵的時機呢？只要員工一完成工作，馬上就要給予實質上（當初講好的）的激勵。不能和騙騾一樣或打任何的馬虎眼，對員工來說，這都是不被允許和不能被容忍的。

酸蘿蔔問題

激勵一位員工，有的時候是較單純的。如果老闆一次要激勵兩位或兩位以上員工的時候，問題就變得複雜多了。因爲同時激勵兩位員工，他們一定會比較，這一比來比去，兩個桃子可以殺掉三位將軍（二桃殺三士），一個女人可以弄掉大片的江山（吳三桂引清軍入關），身爲老闆的你，能夠隨隨便便地掉以輕心嗎？

員工在做比較的時候，他在態度上是主觀的，是以自己爲中心及出發點的。當他發現自己的獎金或老闆對他的鼓勵比別人還少時，最先的反應是不公平及老闆偏心。爲了證明他的假設「老闆偏心」是對的，他便會不擇手段地去找線索。不論是他以前曾聽人說過或他自己的自由聯想，他會很容易地就可以找到許多的蛛絲馬跡，來穿鑿附會地證明他的說法是對的。最後在組織內因爲此事所造成或產生的，已不只是激勵的公平和不公平的問題。所有人際關係的負面因素，如陷害、造謠、生事、欺騙、背信、負義、濟私……，在組織內一下子沛然產生，如洪水猛獸莫之能禦。

有一次某研究機構發放激勵獎金，最後決定每人發一個月薪水，但技術人員另外加發二〇％，於是行政人員大譁。他們認爲：公司之所以賺錢是全體工作同仁的努力，並非只有技術人員的工作努力。既然是發獎金，就應該一視同仁，不應該有所區別。技術人員另外加發二〇％，這是不合理的，於是便派代表去質問公關主管，公關主管以技術人員對組織的貢獻較大及經理人會議共識後之決定爲說詞，但不被員工代表接受。於是那位公關主管以十分無奈的態度說：「有很多的事情在大專聯考放榜的時候，就已經被決定了的事，爲什麼到現在還在吵？」（國內大專聯考的制度，理工科系的分數比文法商科的分數，平均略高二〇%左右）。

激勵衆多員工的方法，在實務上一般都趨向於平均分配制。所謂發放獎金，大家平分一下就得了。千萬不要在分發獎金的時候，再來打考績、分優劣的，這容易造成不必要的糾紛，及一些無謂的爭執。對組織來說，是不必要且可避免的；對做老闆的人來說，也應該是可以注意得到的。否則，會把原本發放獎金想激勵員工士氣的一番美意，演變成員工分贓不均內部起鬨的蠢事。這種損人害己的「勾當」，自然不是組織、老闆及員工他們三者所願意和所樂爲的。

過猶不及

發獎金的時候，對一兩個特別優秀的員工，老闆你如果眞想特別地給予優渥一番的話，筆者我建議你最好是能用私下的，給他一個大紅包或偷偷附在他耳邊給他一些升遷的承諾。自然此時你要再三地叮嚀他，這些事情都是不足爲外人道的，萬一有一天消息走漏，後果一概要由他自行負責。這是在實務上常用的方法，和較被做老闆的人所接受的。

激勵原本即是有風險性的，不當的激勵給組織及員工所帶來的傷害，往往是大於不作任何的激勵。但是在實務上員工又會報怨，認爲沒有激勵的工作，做起來會令人產生「不爽快」！激勵是基於組織部屬、老闆及員工三方面的需要，不可率爾爲之或受某些因素的影響臨時決定。吾人不是在反對激勵，只是希望任何的激勵行爲，都是有經過深思及熟慮過的。這樣毋寧是對激勵有益，也可降低激勵的風險性。

組織裡如果沒有了激勵，固然會令員工產生不愉快。但是一個太多激勵的組織，對員工來說猶如吃「安非他命」一般地容易上癮。當景氣稍差或經營不順的時候，激勵就跟著減少，員工也活不下去——

筆者我認爲：**適當的激勵時機**是要考究的，太早或不及，對激勵的結果來說都是適得其反的。**激勵的公平性**是不可忽略的，否則往往會造成比沒有激勵的時候還要糟的結局。**激勵的最終目的，是要讓「受者」感覺到是好的及有益的，最後才因「受者」的回**

饋，而發揮激勵工作的眞正意義和效果！

第十一章

調虎離山定律

〔進修充電的虛實〕

我們寧願訓練一個精通管理而不懂技術的人，去做處理技術的工作；而不願訓練一個精通技術而不懂管理的人，去做管理的工作。因為前者所造成的損失小於後者！

► 調虎離山定律：派即將調差的員工出國受訓，一方面是讓他有段調適時間，同時也給管理者有時間去「做掉」更多的異己。

「唉！總不明白老總把我們放在這裡是什麼用意？」

說到訓練，很奇怪的一回事：我們往往會要求一位精通醫術的外科醫師，想訓練他成為一個醫院的負責人（院長）；我們經常會讓一位學有專長的教授，想訓練他去做一位治理學校的校長。我們想將一些學生和學者（大陸民運人士）訓練他們去革命，最後來治理國家。這有可能嗎？有這種壯志豪情是值得讚許，然而這種行為卻是不足效法的。但社會上的現象卻非如此，社會上最喜歡做像以上的這種事情，一做就是數百年，甚至數千年，從不後悔！

進修？作秀？

從學校的訓練開始，我們一向只注重學術科目（聯考要考的），像公民、音樂、體育等聯考不用考的，我們就從來沒有人去關心和理會。組織的管理階層訓練員工的方式，和我們在學校時的訓練非常地相似，他們也只訓練操作上的必要項目，其他原理和對上下游員工的配合，先不必學，學了也沒用的。他們始終搞不清楚，像日本式的新人訓練模式，送到山上去打打野外，結業的時候以比賽尋寶，來品評員工的優劣。這跟小兒辦「家家酒」，又有什麼差別？我們在小的時候就玩了許多年，現在長大上班，不再玩了。於是在我們這種制度下訓練出來的員工，在工作的時候就有如江西佬補碗（自顧自），對別人的工作不是漠不關心（各人自掃門前雪），就是想關心也不知道從何處關心起。於是在組織內，我們到處可以見到許多員工各擁山頭自立門戶，互相牽制相互提防。**工作力量很少有被整合成爲「生產力」，幾乎都會變成爲妨礙工作進行的「阻力」！**

在我們的組織裡，咱一向將訓練視爲是對員工的一項福利。今天我們認爲老李表現得相當不錯，送他到國外走走，去看看秀（show）散散心。你或許會認爲這是去看跟工作（至少目前的工作）有關的展覽，或是去參觀跟目前業務有相關的工廠等。其實都不是，他就是要去看看show，看看國外歌舞團的表演或是去海外賭上一把，如此而已。這種在認知上的差距，主要的原因，是在我們的組織內，目前尚未建立起一套員工個人海外旅遊及休假的制度。於是這兩碼子事，便始終不清不楚地相互糾纏。最後誰也搞不清楚，今天送老李出去看看，是受訓呢還是去旅遊？

在咱老中的組織裡，另外有一種出國受訓的模式，那就更奇更怪了。我們往往安排一個員工要調時差或調差後，送他出國去受訓一下。此時你千萬不要又把這種訓練視爲是讓員工對新工作的一項充實和熟稔來看，它只是想讓調差者（員工）有一個應調整的空間和時間而已（同時也是給組織的管理階層，有時間去做掉更多的異己）。但是這種調差出國的模式，也並不是對所有的員工皆一視同仁。有些組織的管理階層，也會利用調差者在下班時候的那段空檔，將他所要排擠的異己都處理掉。於是調差者也不用出國去了（因爲他已回不了公司），而此組織的管理階層，倒可以安排自己到國外走走看看活絡一下筋骨，這自然也應算得上是這一類的出國受訓模式的一種了。

學歸學．做歸做

在國內受訓部分，組織經常也會指派一些中間幹部和表現優異的人，去各大管理顧問公司上上課，聽聽演講。但此時有一點值得特別一提的，便是組織的管理階層（包括主持人），他自己是從來不參加的（除非是去找他演講）。如果有那麼一天，他老兄突然心血來潮，想出去上上課，聽聽別人怎麼說，此時他會毫不猶豫地，選擇哈佛或牛津的高階訓練課程，縱然他連最基本的成本會計都沒有搞懂。這和身分有關係，像他這麼有身分的人，怎能在國內隨便被別人教？至於國外嘛，雖然學不到什麼東西，但講出來有多好聽。如：本人曾在哈佛進修管理四百八十小時，在牛津進修哲學二百四十小時。諸君想想：這種感覺有多好，聽起來多有學問，看起來可夠神氣？（花錢又給人家笑呆子）

在國內受訓和上課的那些中間幹部和表現優異的同仁，在他們上完課回到組織上班的時候，要趕快一股腦兒地將上課的心得和建議忘掉。**不要異想天開地以爲，上課的內容或可在組織內實行**。此時你可別忘了，上課的時候，你的老闆他沒去（這就是你老闆他厲害的地方，也是筆者我一直要提醒你的重點）。此時，除非你能將上課的內容一五十一地對他講述一次（你想講，他也不想聽），否則你倆根本已無法有溝通的機會。爲了不讓你當時的情形太難堪，此時你的老闆他都會勸你說：「辛苦！辛苦！先好好休息一陣再說。」（想到他自已在海外上課的情形，讓他心有餘悸！）

有一種團體受訓模式是集合組織內課長或副理級以上的主管，在什麼淡水楓丹白露或金山海水浴場，大夥生活在一起，好好開兩天會（這有點像國是會議）。但由於筆者我的「議而不決定律」被有效地擴散和應用，所以所有的會議，都是在會而不議、議而不決、決而不行、不清不楚的情形下進行著。因此很明顯的，這種訓練的結果也不會有什麼特殊的成就，和膾炙人口的地方。但是對與會的人員來說，唯一要特別注意和學習的地方，是此次會議聚集了組織內所有山頭的主管。這是建立個人「人際關係」非常重要的一個「橋頭堡」，不但要爭取參與並且要力求表現（這表現可用筆者我的雞毛蒜皮定律印證）。受訓的結果不是我們學到了多少，而是我們利用開會的過程，建立起我們自己在組織內的「人際系統」。

另一種排擠手段

在組織裡有一種交互訓練的說法，就是兩位員工彼此交換工作，接受別種工作內容的訓練。對組織內的管理階層來說，這是「一石兩鳥」的好事，對他來說，他首先就可以擺脫掉原先的受制於員工，不會因爲某項工作，只有某一個人精通，而當某人不在的時候，即無法動作和工作。其次他也可以用這種交互訓練機會，自己不喜歡的人調開，順理成章地換上自己的「最愛」和「喜歡」。還有更厲害的管理階層，利用這種交互訓練的方式，把員工逼走或交換成不見。但除了組織內的管理階層喜歡這種交互訓練而外，組織的主持人也有同樣的「嗜好」和「喜歡」。因此同樣的事情，有的時候也會發生在管理階層自己的身上。這好比「玩蛇的人，有時會被蛇咬到；玩火的人，難免會被火燒到」這樣地不可避免和無奈！

組織的主持人，有時候還會喜歡做成一種大膽的訓練計畫：他想訓練一位紙上談兵的書生去帶兵打仗，弄得國破家亡；訓練一位資深的工程師去主持一個工廠，弄得雞飛狗跳；訓練一位文學碩士去修一台電腦，弄得系統長期當機；訓練一位嗜酒如命的凡夫俗子去開車，弄得車毀人亡！

第十二章

唯我獨尊定律

〔有權無責的授權〕

授權在組織內的不受重視之主要原因，不是因為人們不知道此事的嚴重性；而是因為人們知道它的重要性，所以才「不」輕易地被提及。

► 唯我獨尊定律：「一把抓」主管的觀念是——授權猶如棄權，況且員工做得永遠沒有自己好。

在辦公室裡，有一雙手一直在黑暗中控制著我們。

組織不願意授權的情形，可謂古今中外皆是一樣的。從前有一個家庭，先生不情願授權給太太，但又說不過去。於是先生便跟太太訂了一條授權法則，內容是這樣子的：「家裡的大事由我（先生）決定，小事由妳（太太）決定。什麼是大事，什麼是小事，由我決定。」

法則擬定完成之後，太太還是和以前一樣不能作任何決定。因爲先生把家裡發生的任何事情，都定義爲「大事」。既然是「大事」，那照規則上的說明，就非由他來做決定不可了。

主管不願意授權給員工的情形，在組織內亦然。凡事一把抓，大小事情最好都由他們自己來處理、來決定、來下命令，員工只要照著他們的意思去做就行了。由於他們太忙，太累，於是他們沒有很多時間將命令說得很清楚，他們的決定也有可能是倉卒和不成熟的；他們處理的事情也可能是沒條理和紊亂的，但是沒有辦法，以上這些事情都還得必須由他們親自來處理，誰叫他們是主管呢？

主管就是要這樣，這樣辛苦地工作，一直工作到有一天，他們胃出血或送進精神病醫院爲止！

「一把抓」主管

在今日的組織裡，主管不願意授權給員工的背景和原因，不外乎是基於下列的兩項考慮。

其一：**授權猶如棄權**。只要權一經授出去，對主管自己來說，大丈夫「一言既出駟馬難追」。於是主管就少了一樣東西（權力），而這樣東西又是其維持生命及尊嚴所必需，同時也是他們一刻不能或缺的。在這種背景及情形之下，對授權這檔子事來說，除非他們是面臨非常的壓力或被逼得實在沒有辦法，否則是不會輕言及決定授權給員工的。

其二：**對員工不信任，覺得員工做得沒自己好**。另外一項主管不願意授權給員工的原因，是他們會主觀地認爲，如果事情交由員工來做（授權），員工做的會沒有自己做得好。既然沒有自己做得好，那又何必要交下去呢？更何況以前也有交下去給員工的經驗，除了做不好之外，還經常會把事情搞砸掉。當然，自己下去做，有的時候也會把事情搞砸掉，但至少自己會學到一個經驗，知道事情是怎麼搞砸的，搞砸的原因在哪裡？以後自己再做的時候，就不會犯同樣的錯誤和缺失。更何況自己今天能混到這種地步，被自己搞砸的事情，沒百件少說也有十件，這些寶貴的經驗，就是自己能把事情做得比別人更好及成功的張本。

現在讓我們舉目向組織內望去（除了天花板上的那位），又有誰能與我匹敵？或許你有菩薩心腸，會來向我建議：「您又不是千手觀音，這麼多的事情，反正您一個人也忙不完，不如分一些給別人做。一方面可以讓他們替您分勞，另一方面也可以給他們一個學習的機會，這樣一舉兩得，不是很好嗎？」「唉，老兄！你不了解啦。不是我不分給他們，而是目前企業競爭激烈，任何一個小節都不能出錯。不比從前啦，錯了也無所謂，頂多是花錢買個經驗。更何況，目前的那些員工，眞的有心想學嗎？能接受別人的意見嗎？我不敢相信！」其實他們還有很多話要說，如：那些員工都是自以爲是，有了一張文憑，就以爲什麼事情都懂了。我就是不相信，他能把文憑掛在脖子上，任何事情都可圓滿地解決了？更氣人的是，不懂又不要聽別人的，一定要照他自己的法子去試試看。他到底搞清楚沒，這是開公司，可不是在學校的實驗室寫報告！算了，愈講愈氣！找人做，不如自己做。所幸，自己還做得動，忙一點就忙一點吧，總有做完的一天。找員工做那就沒完沒了……

「每事問」部屬

主管不願意授權給員工的原因，除了以上的兩大要件外，尚有一項關鍵性的因素。那就是在管理學的法則裡有那麼一條：「工作可以下授，責任不可下移」的規定。那結果就非常地簡單了，反正我的老闆不管我是如何授權，或授不授權，但事情搞砸了，他會來找我，要我負責！我爲了要對上面負責，那什麼大小事情，最好自己經手，或自己決定、自己下命令！只有這樣，對我來說是最保險和最安全。有時甚至還是會搞砸掉，要我來負責任。那我也就只有心甘情願地認了，要殺要剮就只得隨便別人。

組織內的主管，雖然是那麼不情願把「權」授下去（他們希望不要授權，而是把責任授下去即可）。但礙於整體的組織環境和自己的身體狀況（最近常住醫院），也只得同意將部分的「權力」授予員工。爲了對主管授權誠意的不放心，組織甚至還訂出了一種授權表，公諸於組織，貼在公布欄和辦公桌上，作爲上下一致執行授權時的依據。這樣那位有菩薩心腸的人士，或許就可以略爲寬心，組織內的大小事情，主管就不會一手把持。但結果並非如此，好像跟沒授權的時候，並沒有兩樣。這就奇怪了，原因出在哪裡呢？

據筆者的深入了解，原因出在兩個地方。其一，組織內的大部分員工，在集權的環境下工作久了也習慣了，今天雖然組織宣布授權，但員工爲了小心起見，還是事事請示，請示主管裁決！（這樣很好呀，能推就推嘛，反正主管也喜歡。）其二，雖然組織明文規定授權，但是主管還是不願意。這一不願意「學問」就大了，比方說授權條文由你訂，但如何解釋條文由我來。因爲條文是用「文字」寫的，沒有被拍成「影片」加上「對白」。那各種不同的解釋就因人而異、千奇百怪了。「不要看條文，就算有授權，好歹我是你主管，做任何事情也得問我一下呀！等有一天你我主管時，再照授權條文來執行好嗎？更何況條文上寫的意思，也不是如你所講的那樣。」

掛一漏萬

在我們詳讀了上面的解釋之後，我們對組織內的主席，不願意輕易接受授權的背景及心理，有了一個較爲清楚的輪廓和概念。在程度許可的範圍內，甚至可以給予他們（主管）一些支持和鼓勵！因爲我們深深地覺得，他們的那種認眞和負責的態度及精神，在組織內毋寧說是可喜可賀的！

但是問題出來了。如果當我們再詳細地觀察下去，看看那些主管緊握在手裡不放的東西，我們才倏然發覺到，全是那些「雞毛蒜皮」的一大堆，眞正和「權」有關的則少之又少，甚至幾乎可以說沒有。那他們（主管）平常抓的是一些什麼呢？而又天天在忙些什麼呢？說起來眞是「一文不値」又「不値一文」。他們所抓和所忙的，無非是一些在組織內的小職員和清潔工所要做的工作，同時那些小角色做得比他們更好更出色（這是打死他們也不會承認和不便承認的）！於是我們對那些主管的表現和工作，就有了一百八十度的大轉變。原來對他們的支持和鼓勵，也變成了不屑和不恥。甚至想要請天花板上的那位先生，下個命令來革他們的職位及扣他們的薪水。（做那麼低層次的工作，幹嘛要拿這麼多錢？）

此時或許有一些主管會來抱怨：「其實也沒有如你上面講的那樣子啦！不過，是有些主管頭腦不太清楚，但這也不能代表全部呀！」但是我還是想請教管先生一下：「這個授權下去，萬一收不回來的時候怎麼辦？」「哦！這下你可是問對了。」讓筆者我來告訴你：「請他喝酒，大碗大碗的灌他，灌醉的時候就把權收回來。這是咱老中古時候流傳下來最仁慈的收權辦法，我喜歡！」（聽過宋太祖「杯酒釋兵權」的故事吧？）

第十三章

不可不知

〔徹底體察企業本質〕

企業中的人才，經常須以他們專業的角度做成決策，而決策是有風險性的，因此，他們都必須要能以企業的本質，來作為決策的依據及方向。

► 不可不知：企業應該要界定它的本質是什麼，並讓所有的員工都知道，產生「目的和使命」的共識。

要了解一個企業及一項工作的本質是什麼，我們或許都會直覺地認爲，這是最簡單不過的事了，但事實上不然，皮鞋廠不僅只是一個製鞋的企業；銀行所提供的也不只是金錢上的借貸；貿易商的本質也不是只在賺取兩地間的差額。企業的本質到底是什麼呢？其實這是一個非常不易回答的問題，如果試著去詢問企業內各階層的員工，我們將會得到各種不同的「認知和答案」。由於以上「認知和答案」上的分歧，致使企業員工的努力，不是各自爲政而分道揚鑣，就是相互牽制而彼此消抵，失去它原可整合時所產生的效果！

讓他們都知道

因此，企業應該要界定它的本質是什麼，讓所有的員工都知道，同時產生共識，讓企業的本質變成員工工作的「目的和使命」，然後朝共同一致的方向去努力，最後共享成功的果實！但是今天在企業內卻不是，企業內的高階主管及經理人，他們不認爲有必要向全體員工說明和溝通，甚至提出討論企業的本質是什麼。企業的本質是什麼，只要企業內的高階主管及經理人知道就可以了，也是他們必須去關心的。對於企業內的大部分其他的員工而言，他們只要奉命行事就可以了，他們不必去了解和牽扯到企業本質是什麼的問題。

以上的這種思考和觀念，在八〇年代以前或許還是無可厚非的，因爲在那個時候的企業裡，需要做決策的地方和人數不多，只要企業的高階主管及經理人就可以了，其餘的員工皆是勞力的工作者及基層的事務人員。加上消費者的觀念及意識尚未受到應有的重視和覺醒，因此以上的這種員工不需要去了解企業的本質是什麼的思考和觀念，還勉強尚可應付當時的情形。但對九〇年代的人們來說，以上的這種說法就無疑地是一種嚴重錯誤及不合時宜的思考和觀念了。因爲在九〇年代的企業裡，它擁有著許多專業技術的人才，他們對企業的價值，就是由於他們利用自己的知識及專業，替他們的工作及企業做成決策，解決企業面臨的困難和問題。他們所做成的決策，自然是具有風險性的決策，也就是原由企業內的高階主管及經理人所做的決策。

但是在他們每做成一項決策的同時，他們都要以本企業的本質是什麼，作爲決策的依據及方向。如果沒有了這個經過大家溝通後一致同意的企業本質爲依據，則他們所做出來的決策品質將受到懷疑；他們之間各自的決策，也因爲對企業本質的不同解釋而相互抵消。

對九〇年代的企業來說，如何來界定該企業自己的本質，已經不是要不要的問題；而是必須隨時做，做了之後又能讓企業內衆所周知的事情。也唯有如此，企業內的所有員工才能經由對自己企業本質的了解，在企業內多「做好事」，以期發揮其個人的生產力！

跟著時代走

企業的本質，雖非人云亦云，但它也沒什麼「標準答案」可循，就是因爲它沒有「標準答案」，而容易在企業內引起爭論、辯難和喋喋不休的冗長討論。但當一個企業的本質被定義出來了之後，吾人便可經由對其本質的了解，看出這個企業的格局和規模，甚至於還可以揣摩一下該企業的未來情形！大約三十多年前的台灣家電市場，還是一個以舶來品家電爲主的市場，此市場的特色是：其一、各種品牌雜陳，價格混亂；其二、說明書皆以外國文字印製，不易了解；其三、台灣沒有零件，一壞便要宣布報廢。

大同電機公司，在了解了以上的狀況之後，就將該企業的本質定義爲：「大同公司服務好」爲主要的訴求，在全省成立服務中心，爲其推出的家電產品提供售後服務，一舉攻下了台灣的家電市場。

「大同公司服務好」這麼簡單的一句話，以目前的水平視之，或許只能算是一句普通的「口頭禪」。但以當時的情形來看，則對消費大眾和該公司的員工都是非常有意義的。它讓該公司的員工都知道，爲什麼要如此努力地爲顧客提供服務，因爲該公司以服務爲企業的本質，而讓消費大眾也可以放心地購買大同公司的產品，壞了可以找服務站的人員修理，產品不致報廢。

三十年後的今天，由於消費大眾對家電產品的實際訴求，已由注重「服務」（壞了找人修理）移轉到注重「品質」（根本不會壞）的階段和水平。大同公司由於尚迷戀在以往的成功之中，未曾迅速地在其企業的本質上作出適當的調整，讓「新力」和「國際」等外商公司有機可乘，提出以「品質領先」的企業本質訴求口號，輕易地侵入了台灣的家電市場而獲全勝。雖然此時的大同電機公司，也在原本以「大同公司服務好」的訴求本質上，再加上了品質也好的說明，但由於時機已逝，回生也告乏術。

企業的本質，是隨時都要作適當修改的。愈是成功的企業，由於它的成功，愈需要虛心地檢討自己。以前對企業本質的定義，由於它的正確性和有效性使該企業成功了；但它也並不保證，此定義能繼續地被依賴，讓該企業成功下去。在今日這變遷快速的企業環境裡，一項企業本質的定義，能被適用十年左右而不經修改，已是相當地不容易的事，有時甚至短到只有一、二年，就要做局部和大幅度的修改，這也已是不爭的事實了！

以顧客為師

企業內的高階主管及經理人對於「意見的分歧」都有著相當程度上的害怕，認爲這是「分裂」和「痛苦」的來源。但是要決定「本企業的本質是什麼」，卻是一項重大的決策；同時通常還必須有不同的意見，才能從中獲得正確和有效的結論。

這種決策太重要了，這種決策並非衆人一辭、全體鼓掌通過就可以的；亦非人云亦云或壓抑不同的意見和觀念而可得到的。這種決策，不是由邏輯推演出來的，更不是由事實來作推斷，它是需要判斷，而更需要勇氣！

決定企業本質的方向，應該來自企業的外界。主要是來自企業的顧客和社會上的消

費大衆。企業的高階主管及經理人，他們比較關心的是企業的產品及服務，他們也往往一廂情願的將他們個人的績效放在產品及服務上。然而對顧客來說，他們不介意這些，也不管你什麼產品及服務，他們只關心你提供出來的東西，是否對他們有價值，如此而已！如果是沒有價值的，就換成別的。他們不會特別花心思，去研究你的產品和服務的。

就以美國營業人員當年推銷電冰箱到阿拉斯加而大受歡迎的經驗爲例。一般原本以爲在阿拉斯加的冰天雪地裡，電冰箱這產品對他們來說，應該是一無用處的。但是人們沒有料想到，就是因爲那裡的冰天雪地，任何的物品一放下來就會結凍，給人們生活上帶來了莫大的困擾和不便。而電冰箱，卻可以讓物品保持在不結冰的狀況，這用處及給人們生活上帶來的便利就太大了。經過美國營業人員的大力促銷，於是，電冰箱便在阿拉斯加大爲流行，替美國的電冰箱市場，開拓了一片嶄新的天地！

顧客的購買，絕對不是針對一些產品及服務的，顧客的購買，是由於他們滿意於企業提供給他們的需要。顧客所購買的是價值，是基於他們的需要。然而，企業卻只生產它的產品及服務，不生產價值和顧客的需要。因此，如何讓企業所提供的產品及服務，變成是對顧客需要和有價值的，這就是我們要定義企業本質的精神之所在。

在定義企業本質的時候，往往會發現一些嚴重的衝突。企業有時爲了迎合顧客的需要，所提供給顧客的產品及服務，並不一定是能吻合社會上消費大衆所需要的。此時，企業就要有勇氣作成判斷，知道本企業的本質是什麼，而作成符合自己企業本質的決策；不只是一味爲了迎合它的顧客，最後遭致社會大衆的不滿及反對！

就以目前台灣的旅遊業爲例。日本方面來的某些旅客，就日非常熱中於北投的風化觀光。但是，對社會上的消費大衆來說，這不是什麼體面和好的服務，能避免就最好是免了。此時，站在旅遊業的立場，就應該以顧全社會上消費大衆的心意，提供一些較爲有益及健康的節目給那些日本旅客；而不能只爲了企業的私利及某些日本旅客的需要，讓他們在北投地區胡作非爲。

由本質出發

曾有人訪問了三位漁民，問他們爲什麼要出海捕魚?第一位漁民的回答：「爲了生活，不得不出去。」在他的語氣中流露著幾許的無奈!第二位漁民的回答是：「藉著捕魚，可以到外面走走。」有些心不在焉的樣子。第三位漁民的回答是：「我喜歡海，我喜歡在海上工作。」語氣中充滿著自信。從上面的例子中不難發現，只有喜歡海和喜歡在海上工作的人，在做捕魚工作的時候，會做得比其他的兩位來得好。

以目前的台灣公路客運公司爲例，它就始終沒用心地去定義過其企業的本質是什麼？因此讓它企業內的全體員工，每天只知道準時的上下班，對外界所發生的任何狀況卻都相應不理和無動於衷。

我們如果將該企業的本質定義爲：「以營利爲目的」的話，則公司的員工發現乘客愈來愈少的時候，員工就會憂心如焚地去招攬一下顧客。如果將企業的本質定義爲：「以服務爲目的」的話，則當車子誤點和脫班的時候，員工就會主動地向顧客說明和積極地去調車。

但是現在不是，因爲該公司並沒有定義他們企業的本質是什麼，員工也不知道他們工作的本質是什麼，因此，整個企業的員工只要每天準時地上下班等著最後退休，如此而已！

讓員工在企業內「做好事」的先決條件，就是要定義企業及工作的本質是什麼。

由了解到企業及工作的本質，知道自己工作的「目的和使命」的員工，才能眞正地將事「做好」及「做好事」，這已是不爭的事實！不要整天忙著去做事，多用一些心思去想一想如何「做好事」、不只是將事「做好」這可能比什麼都來得重要。

第十四章

再三叮嚀
〔努力「做好事」〕

事情的迅速被完成，只是將事情「做好」，我們稱它為「效率」；做完有意義的事，叫作「做好事」，我們稱它為「效果」！有「效率」的行為，並不表示一定有「效果」；只有有「效果」的行為，我們需要它有「效率」！

► 再三叮嚀：「做事」只要認真和努力即可，「做好」則要講究方法和技巧。在九〇年代，只承認功勞而不承認苦勞。

好兒子的啟示

有一天，三位婦人在河邊洗衣服，她們邊洗邊聊著天。聊她們的生活、先生，最後聊到她們的孩子。其中有一位婦人說：「我的阿健最好，他會唱悅耳動聽的歌……。」另外那位婦人打岔道：「哎喲！我的寶弟會翻筋斗，一次翻二個！」她們看著剩下的那位婦人，看她如何來述說她的孩子。那婦人有些木訥，訕訕地說：「我知道阿勇好，但他不會什麼。」此時，剛好有位老僧經過河邊。於是她們便央求這僧人，請僧人替他們評分，看看誰家的孩子是最好的。最先看到的是阿健，一邊走路一邊唱著歌，歌聲嘹亮而悅耳。那婦人喜歡得不得了，不停的用手揉著她兒子的手。接著過來的小孩是寶弟，一臉精明的樣子，蹦蹦跳跳地跑過來，在大人面前翻了個漂亮的筋斗。婦人開心的笑著，笑得連口都合不攏了。最後過來的小孩是阿勇，她看見婦人已將衣服洗好了，便幫著婦人收拾，準備提著它，一起回到家裡去。

僧人要向她們宣布答案了，婦人們都以渴望的眼神望著他，希望最後僧人告訴她們的「最好的兒子」，就是她們自己的孩子。僧人說：「我只看到一個乖孩子，就是阿勇。他雖然不會什麼，但他知道做兒子的道理，幫著他的母親做事，他是最好的！」

由上面的故事我們不難發現：所謂一個「好兒子」，最大特徵是在能夠善體做兒子的道理，和幫助他的母親做家事與分擔勞苦。其他的才藝雖然也能用來衡量一下孩子的能力和素質，但對做個「好兒子」的這個「主題」來說，那無疑地是不很重要的。

沒有功勞也有苦勞？

推論一：不是爲了「做事」；是要將事「做好」！

在目前的企業裡有許多的主管，他們不了解把事「做好」的道理，他們只一味地要求員工「做事」。只要讓他看到員工停下來了，或許這只是工作間的交替及該員工眞的只是停下來喘一口氣而已，對他來說都是管理上的一項缺失，是値得去注意和改善的。

他們對自己的工作要求也是如此，不讓自己停下來，讓自己馬不停蹄的忙碌著，到時候連自己也不清楚自己在忙什麼。但有一點他卻很清楚，只要他做主管一天，他就是要忙碌，一直忙到他不能做或進醫院的急診室爲止（此時他通常都會收到一面「鞠躬盡瘁」的匾額）。其實他們的工作邏輯也是非常地簡單的：

其一：工作是稀少和可貴的，有工作可做時就要好好地去做；你不做別人會來做。

其二：工作只要是你已認眞努力地去做了，做不好也不能全怪你。至少對你來說，你沒有功勞也有苦勞！因此，爲了怕做不好，只有更認眞努力地去做。其三：不要一下子把工作做好，做好就會沒工作可做。此時，你不是被免職就是被再安排去做別人的工作。

由以上的邏輯和假設，使得員工在企業內不停的忙碌著。他們要忙碌的心理因素也是非常複雜的，從一開始的害怕沒有工作可做，到有工作可做時又怕做不好；最後工作做好後又會去做別人的工作爲止。他們一直都是在害怕，由於他們的害怕，他們便又想出許多的辦法來。如：替別人製造工作、將自己的工作複雜化、讓快做好的工作慢下來、眞的沒工作可做的時候，也裝得非常忙碌的樣子……等。

九〇年代是個嶄新的時代。企業的主管和員工不必要也不用再爲以上的假設和邏輯操心了，工作也已不再是那麼地稀少和不容易找到，甚至企業已有到處找不到人的苦惱！對工作的本身來說呢，目前強調的是如何將它做好，而不是盲目地去做。做只是認眞和努力即可，做好則要講究方法及技巧。做不好，就是工作者的能力不足和不能稱職，也就是要換別人來做不能再讓你做下去的意思。這其中無關你到底有沒有努力在做，或你投入的心力和努力到底是多少。

九〇年代只有功勞沒有苦勞，也只承認功勞不承認苦勞。一件工作，如果你發現自己不能勝任的時候，就不要再花時間和精神在上。盲目的投入和努力，抓著該項工作不肯放手，只是在浪費自己的生命；同時也會延誤該項工作的進度和找能勝任的人來接替的時機。九〇年代是個現實的時代，工作做好了，承認你的能力和功勞；搞砸了呢，就是你的能力不足和失識。這其中絕對沒有一個「苦勞」存在的空間，不但沒有，可以說根本上就沒有要求苦勞的權力！

不只是將事「做好」！

對只知道「做事」的人來說，讓我來告訴他應如何將事「做好」！對已經知道將事「做好」的人來說，吾人要求他「做好事」。只知道「做事」的人是落伍的，已經知道將事「做好」，在九〇年代也是不足的。九〇年代的觀念，是要人們「做好事」，不只是將事「做好」而已。

在目前的企業裡有許多主管，一味地在追求工作上的「效率」，而不注意工作上的眞正「效果」。他們只知道他們已經把工作做好了，同時是以很快的速度，但是他們眞的不清楚他們在做什麼及爲什麼要如此做的原因。曾經有那麼一位品管助理，他在同一天內，退了製造部待出的十批貨。這打破他個人退製造部出貨的最高紀錄，他爲這個成績雀躍不已。但是他眞的不了解，他做品管工作的眞正「目的」，是在協助製造部提高產品的品質及出貨，而非是造成製造部高退貨率的事實。因此，他所表現出來的個人高「效率」，對公司及公司產品的品質，並沒有帶來工作上的眞正「效果」！

在國軍的某單位，有一位團部的補給官張先生，例行性地向他的主管報告，他這一年來向後勤單位申請及核准的案件數量，平均比去年成長了將近有二五％左右，而因此他自我興奮不已。但是他此時也忽略了非常重要的一件事：他的工作「效果」是在即時地補充那些有用的原件，給有需要的個人及單位；而非是不論該單位何時需要或不需要，只是在最後創造他自己個人的一個最大次數的百分比而已！

「做好事」的困難有時是在不知道什麼事是「好事」，而不是在員工不肯去做「好事」。要了解什麼是「好事」，則要從企業及工作的本質上來著眼。企業及工作的本質會告訴我們，這個企業的「目的和使命」是什麼？這項工作的「目的和使命」又是什麼？

第十五章

壓箱法寶（TA溝通術）

老闆和部屬的共事過程中，一種比較恰當的辦法，就是老闆透過 TA，對部屬的溝通和深入了解，用四兩撥千金的技巧，引導部屬去完成其工作和使命。

► 壓箱法寶：藉由分析員工三種自我（父母型、成人型、兒童型）所呈現的行為和態度，可以使你成為一個善於溝通的好老闆。

TA老闆

在本文裡，我們所稱的老闆，是泛指一種領導者（Leader）的「角色」。他包括在公司的上司、家庭中的父母、學校中的老師……等。如果你以前是老闆，目前是老闆，或者將來勢必是老闆的話，筆者勸你趕快來學習TA，因爲TA會讓你成爲一個好老闆！

身爲一個領導者，你的唯一目標，就是要如何透過部屬（子女、學生）的努力，來達成你們倆共同的「目的」！或許你會以爲，你利用各種技巧去改變或要求他們，讓他們照著你的意思去做，不就可以了嗎？

可是你知道嗎？每個人都有其個人的「個別差異」，加上在不同的時間和環境，你的部屬在「情緒」和「理性」上，不見得都是非常穩定的，因此要去改變他們或要求他們，有時並不是很容易的事情。

因此身爲領導者都退而求其次，現在的領導者已不用不停地下命令，要求部屬要聽他的，要照著他的意思去做。而是領導者試著怎麼去了解他們，協助和指導他們，來完成共同「目的」！TA就是如何協助和了解他們的一個非常好的工具和法門。

什麼是TA呢？TA是由柏恩先生在《大衆的遊戲》一書中，首先提出來的一種非常簡單的心理學遊戲模式。我們稱它爲「交流分析」（Transactional Analysis），它是一種人和人之間「溝通」的簡單技巧和心理法則。由於它的實用性大於它的學理性，因此它變成一種在生活和工作中不可或缺的工具及技巧，被人們依賴和應用！它的優點即是：易懂、易學、易實行！

ＴＡ就是說：人和人之間的任何溝通，我們即稱之爲「交流」。當兩個人面對面的時候，總會有一個人會忍不住先開口或以其他的方式表達出自己的存在，這種行爲我們稱之爲「刺激」。此時如對方有所反應，如回答、點頭等，我們稱之爲「反應」。然後，我們將以上的所有流程（全部現象和情況），加以研究和分析，將之以應用，用來改善人和人之間的關係，和加強人和人之間的溝通，我們稱之爲「交流分析」，一般簡稱之爲ＴＡ。

看員工臉色

爲什麼筆者會認爲ＴＡ能幫助一個領導者，做好他自己的角色呢？因爲老闆和部屬的相處和共事，有並不完完全全的是有板有眼、公事公辦的。爲了要達成大家最終的共同「目的」，在整個的工作過程之中，彼此非常需要相互的了解和體諒，經過長時間的努力及配合，才能順利地完成共同的「目的」。

在這期間，絕不僅僅是老闆如何利用職權，在工作上給部屬壓下；或一味地想利用金錢、頭銜……等改變部屬，讓他們去完成工作和使命。一種比較恰當的方法，就是老闆透過ＴＡ對部屬的溝通和深入了解，用四兩撥千斤的技巧，引導部屬去完成工作和使命。

人和人的相處最困難的地方，就是有人突然地改變他的行爲和態度，讓對方一時不知所措！有時在和部屬溝通的時候，突然氣氛僵了起來，臉孔也拉了下來。或許只是爲了一句玩笑話，而他當了眞，滿臉變得通紅；或許對工作上的常識，你有不同的意見，而令他忿忿不平；或許你是爲他著想，結果造成他對你的不諒解……。

此時你的部屬，雖然穿著沒有改變、名字依舊……，但是因爲他的內心此時已發生了急遽的變化，他已完完全全不是剛才的他了。如果身爲老闆的你，不能體察實情，適時地作一些合宜和恰當的處置和引導，就非常容易造成賓主反目的不幸事件！

處理以上的情形，如果老闆不懂ＴＡ的話，一定會使自己的情緒失去控制，受到部屬情緒的引導，一步步地踩到別人預設的陷阱裡去，結果弄得兩敗俱傷，而又不知道是什麼原因，這是非常可惜和不應該的。TA是一種簡單的心理分析技術，他讓老闆很容易找到「自我」，進而掌握「自我」——。

人爲什麼會突然地如以上所說一樣改變自己的行爲和態度呢？簡單地說：任何人的行爲和態度上的改變，都不外乎受三種「自我」的影響。而對每一個人來說，他們一向也不去了解和追究這三種「自我」的來龍去脈。因此，往往因爲有人「自我」的突然改變，而令對方束手無策，反使自己張口結舌不知所云……。

三種自我（P—A—C）

那三種「自我」是什麼呢？就是：（一）父母型的自我狀況，我們簡稱之爲（P）。（二）成人型的自我狀況，我們簡稱之爲（A）。（三）兒童型的自我狀況，我們簡稱之爲（C）。現在分別說明如下：

（一）**父母型的自我狀況**（P）

這種狀況一般說來，是由於當事人受來自父母和長輩的影響非常之大。其在行爲和態度上所表現出來的，經常是固執、偏頗、批評、責備、安撫、哄騙……等。

在動作方面如：皺著眉頭、緊閉雙脣、雙手插腰、臉孔緊繃、搖頭示意、拍拍別人的肩、撫摸別人的頭……等。

在語言方面如：你爲什麼老是這樣、不要再說了、要記牢哦、別又忘了、絕不能這樣、老毛病又來了，只要照著去做……等。

以上的這些行爲和態度，對當事人來說，只要遇到適當的時機，他就會不經思索、自然地運用出來。他之所以會這樣地運用，可以說全是從小受父母和長輩的影響，在潛移默化下，自然而然地發出的「反應」行爲；有的甚至於根本上就是他父母和長輩一言一行的翻版。故我們稱這種「自我」爲「父母型的自我狀況」。

（二）**成人型的自我狀況**（A）

這種狀況下，當事人所表現出來的行爲和態度，似乎都經過資料的蒐集和分析、合理的推測和估計後，才表現出來的。其動作及語言方面的情形大致如下：

在動作方面如：雙手支額、手指輕輕敲動桌面、全神貫注、頻頻點頭、拉一下領、舉手示意……等。

在語言方面如：是誰？爲什麼？如何？爲何？有多少？什麼程度？比較之下、什麼方式、我推測、依我之見……等。

以上當事人的行爲和態度可以說全是受理智和資訊的影響而產生的「反應」，故我們稱這種「自我」爲「成人型的自我狀況」。

（三）兒童型的自我狀況（C）

這種狀況的當事人，所表現出來的行爲和態度，包括一切自嬰兒期以及兒童期所延伸下來的經驗和反應。其動作及語言方面的情形大致如下：

在動作方面如：大吵大鬧、噘起小嘴、吃吃發笑、亂發脾氣、音調高亢、眼球轉動、坐立不安、挖鼻孔、咬指甲……等。

在語言方面如：我將來長大、你猜猜看、我不管嘛、我們老師說、最大的一個、人家不要……等。

以上當事人的行爲和態度，一般都是出自於「反應」其嬰兒及兒童時的經驗，故我們稱這種「自我」爲「兒童型的自我狀況」。

P—A—C的應用

爲了讓讀者諸君能深入地了解P—A—C（交流分析）的一些「自我」反應的狀況，特舉兩個實例來說明如下：

例一：你的部屬在上班的時候，發現自己太累，想休息一下。以上的「刺激」就能夠產生三種完全不同的「反應」狀況——

1父母型（P）：老天，這還了得！還不快給我起來！

2成人型（A）：奇怪，他爲什麼會在上班的時候休息？是否……

3兒童型（C）：好好哦，最好讓我也來一下。

例二：你的女祕書在生打字機的氣。

1父母型（P）：這是幹什麼，不好好打字？

2成人型（A）：奇怪，打字機有問題，還是祕書小姐有問題？

3兒童型（C）：嚇死人了，怕怕好凶！

在讀者諸君了解到在（P）—（A）—（C）的模式裡，同樣的一個「刺激」就會產生完全不同的三種「反應」之後，進一步地讓我們來說明，人和人之間在溝通的時候所產生的三種主要形式，即：（一）互補交流、（二）交錯交流、（三）曖昧交流。以下先作個詳細的說明，然後再介紹一些有實務上應用的技巧，讓身爲老闆的你，知道如何經由和部屬的溝通和了解，更有效地完成共同的工作及使命。

（一）互補交流

（P）—（A）—（C）的圖表中，如果當「刺激」和「反應」成爲一種平行的交流時，我們稱這種交流爲互補交流。因爲互補式交流後，所要求的只是要平行，故其方向並無一定的限制。

如（P）↓↑（P）；（A）↓↑（P）；（C）↓↑（A）。而只要他們的交流是互

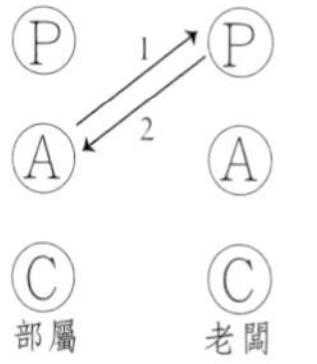

圖 1：部屬在上班的時候，發現自己太累，想休息一下，而老闆給予同情和關懷。

1. 部屬：好累，休息一下。
2. 老闆：累的話，就休息一下！

註：此時，部屬真的很累，故以（A）→（P）；而老闆亦能體諒，故以（P）→（A），完成互補交流。

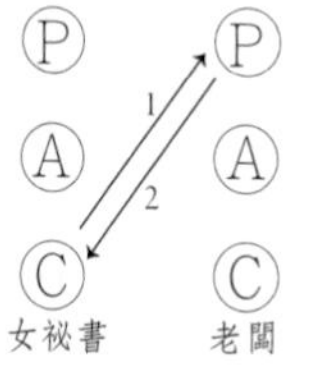

圖 2：女祕書心理不舒服，一邊打字一邊罵打字機，而老闆爲之疏導。

1. 女祕書：這鬼打字機，煩死人了。
2. 老闆：別生氣，過一下就好了。

註：此時，女祕書以兒童型的方式發牢騷，故以（C）→（P）；而老闆以父母型的方式疏導，故以（P）→（C），完成互補交流。

補的話，這種交流就可以一直地持續下去。筆者再以前面的例子，來向讀者諸君做個說明，請參看圖1、圖2。

（二）交錯交流

在（P）—（A）—（C）的圖表中，如果當「刺激」和「反應」，成爲一種交錯的交流時，我們稱這種交流爲交錯交流。而當這種交錯交流發生的時候，人和人之間的溝通就無法再進行下去；或是再進行下去也只是各說各話而已！筆者再以同樣的例子，來向讀者諸君做個說明，請參看圖3、圖4。

（三）曖昧交流

曖昧交流不同於以上的互補交流和交錯交流，它在人和人之間溝通時，往往牽涉到一個人同時產生有兩種的「自我」狀況。這種人和人之間的溝通，我們稱之爲曖昧交流。

下面是一個曖昧交流的例子，由筆者以圖5來爲讀者諸君做一個說明。

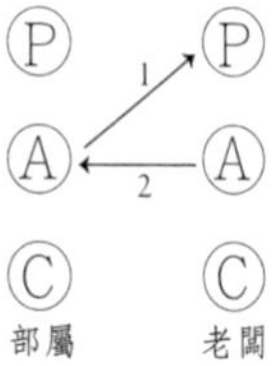

圖 3：部屬在上班的時候，發現自己太累，想休息一下，而老闆不能諒解。

1. 部屬：好累，休息一下。
2. 老闆：上班的時間，怎麼可以休息？
註：此時，部屬真的很累，故以（A）→（P）；而老闆卻很理智地回答，故以（A）→（A），於是交流交錯！

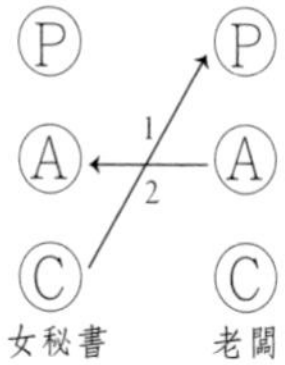

圖 4：女秘書心裡不舒服，一邊打字一邊罵打字機，而老闆信以爲眞。

1. 女祕書：這鬼打字機，煩死人了。
2. 老闆：是打字機有問題？找人來修理！
註：此此時，女祕書以兒童型的方式發牢騷，故以（C）→（P）；而老闆以成人的方式信以為真，故以（A）→（A），於是交流交錯！

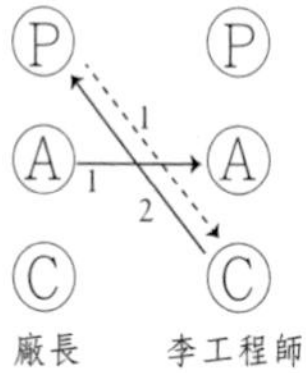

圖 5：廠長想讓李工程師去南部上班，但他不直接地說，他以南部需要一個能幹的工程師爲由，因此要李工程師去南部。

1. 廠長：南部需要一位很能幹的人？
2. 李工程師：好！我去。
註：此時廠長以很理智的方式向李工程師下命令，故以（A）→（A）；而實際上是很主觀的隱藏方式下的命令由（P）→（C）。此時李工程師一口答應，由（C）→（P）。表面上似乎他倆沒有溝通，而實際上卻是交流和溝通了。

由上面的內容，讀者諸君了解到人類交往時的三種「自我」及三種交流的方式之後，雖然不能一下子使自己變得與人更能溝通和易於相處，但是最起碼的，便是讀者諸君已有了「去分析自己和別人的言語和行爲」的能力。有了這一步的突破，無疑地是使我們原本不能控制的言語和行爲，又納入了我們能控制的範圍，這是相當有意義的一項工作，雖然它是被我們遺忘了這麼久。

看到這裡，或許有人會問：「是不是成人（Ａ）是『自我』都是好的」這個答案是否定的。在ＴＡ**的領域裡，「自我」並沒有好與壞之分，只要能溝通和交流就是好，否則就是不好**。「自我」跟年齡也不相干，年齡大的並不一定都會表現出（Ｐ），而小孩也並不固定在（Ｃ）。三種「自我」對任何一個人來說，他都會隨時擁有，並且瞬間交替！

學了以上的ＴＡ，是不是每個人都會變成一個好老闆呢？這一點的答案也是否定的。或許這會令讀者諸君失望，但接下來讓我們再研讀下面的老闆的心理地位，如果能照著去做，或知所警惕，那你就會成爲一個好老闆！

老闆的心理學地位

從老闆和部屬的交往和溝通之中，我們可以很容易地看得出來，老闆對自己的感覺是好還是不好，老闆對部屬的感覺是好還是不好。在TA的領域裡，一般老闆的心理地位可分成下列四種，即是：（一）我好，你也好；（二）我好，你不好；（三）我不好，你好；（四）我不好，你也不好。

也就是說，如在（一）、（二）的老闆心理地位模式裡，老闆可能會表現出比較積極的行爲，如從（P）父母部分老闆所表現出來的是，不干涉、接受批評、支持部屬等行爲；從（A）成人部分老闆所表現出來的是分析力強、反應敏捷等行爲；從（C）兒童部分老闆所表現出來的是合作、協調和創意等行爲。

如在（三）、（四）的老闆心理地位模式裡，老闆可能會表現出比較消極的行爲，如從（P）父母部分老闆所表現出來的是偏見、漠視和過度保護行爲；從（A）成人部分老闆所表現出來的是反應不足、分析力不足、機械式、重複性等行爲；從（C）兒童部分老闆所表現出來的是內疚、故意以及注意力不集中等行爲。

（一）我好，你也好

這是一種有信心的老闆，持有「我好，你也好」這種心理地位的老闆，在基本上是個較具有信心，態度積極的老闆，這可以說是一種「人際和諧」的心理地位。

如果他要告訴部屬，你的工作項目改變了，他的說法是：「你的工作項目，可能要有若干的變化，目前還沒做成最後的決定，不過我相信，你會滿意這樣的改變。」其實他說這話的意思就是：「我會考慮到你的立場，我尊重你！」

這種老闆的心理地位，也可以從老闆在執行各種任務時看得出來。就以任用部屬的情形來說，有信心的老闆，選用有信心的部屬；同時他也鼓勵焦慮和失意的部屬，使他們重建信心和發揮潛力。偶爾部屬表現出比他還優越的時候，他也能泰然處之！

這種老闆如果爲部屬安排桌椅來看，有信心的老闆會爲部屬和自己，安排一個舒適的工作環境；同時他希望員工樂於在他爲其安排的工作環境下工作。

（二）我好，你不好

持「我好，你不好」這種心理地位的老闆，在基本上是較具有優越感，態度上是傲慢而自大的。這是一種「趕走別人」的心理地位，因爲持有這種心理地位的人，所表現出來的行爲，很容易叫別人退避三舍。如果他要告訴部屬，你的工作項目改變了，他的說法是：「在你度假的時候我們決定將你的工作項目作了若干改變，你必須要服從這項工作命令。」其實他這話的意思就是：「我是你老闆，不管你高不高興，你得聽我的。」這種老闆的心理地位，也可以從老闆在執行各種任務時看得出來。

再就以任用部屬的情形來說，他較傾向選用焦慮、失意的部屬，並且繼續地使部屬焦慮和失意下去。有時他也會碰上和他一樣有優越感，表現往往比他好的部屬，而他此時唯一的辦法，就是不擇手段地壓抑他，讓他永遠無法出頭。這種老闆如果在爲部屬安排桌椅時，有優越感的老闆比較關心他自己的舒服，對部屬的工作環境就比較不在意了。他很容易爲自己增添新的設備，而不會想到部屬的桌椅已經陳舊或不實用了。

（三）**我不好，你好**

這是一項有自卑感的老闆，持「我不好，你好」這種心理地位的老闆，在基本上是具有強烈自卑感，常常壓抑自己的人。這是一種「避開別人」的心理地位，這種老闆很容易從人群中退縮，讓自己覺得非常失意和孤獨。

如果他要告訴部屬，他的工作項目改變了，他的說法是：「你的工作項目有了若干改變，不過你在這比我久，我想你比較知道，這樣改變好不好？」其實他這話的意思就是：「我不清楚這情況，你比我更清楚。」

就以任用部屬的情形來說，有自卑感的老闆，因爲他對自己的感覺不好，而常有吸收傲慢和自大部屬的傾向。當他和有優越感的部屬在一起工作的時候，這些部屬又會反過來教老闆應該如何做，不應該如何做。這種老闆如果找到有信心的部屬，那麼他和這些有信心的人比起來，則更顯出他的自卑和失意。

就以老闆爲部屬安排桌椅來看，有自卑感的老闆，常把自己放在一個角落裡工作，而把那些較好的給別人——別的老闆、部屬。他之如此做的原因是，他老覺得自己比不上別人。對於自己部門的工作環境是不是合乎標準、會不會妨礙工作，他從不關心。在他的部門，常會發現部門地位低落的原因，就是因爲他心理地位不正常所造成的。

（四）我不好，你也不好

這是一種沒有希望的老闆，持有「我不好，你也不好」這種心理地位的老闆，常認爲自己前途毫無希望，覺得一切的努力都將是枉然。這是一種「前途無亮」的心理地位，這種老闆每天生活在危機中，並且他也早已放棄了一切。

如果他要告訴部屬，工作項目有些改變，他會說：「你的工作項目有些改變，這種改變不太好，不過也沒啥關係，管他去死！」

他的心理地位，可從他任用部屬的例子來說，沒有希望的老闆是那種老早就「放棄」和「認定失敗」的人，假如他找到了有信心或是有優越感的人，他會覺得自己更加地沒有希望了。假如讓他找到和自己一樣的人，那麼他就和部屬一起同歸於盡！

就以老闆爲部屬安排桌椅來看：沒有希望的老闆，早就放棄了一切，因此他什麼事都不做；既然他覺得自己和部屬都不好，所以沒什麼工作環境的好壞，管他去死！

說到這裡，筆者已經把ＴＡ和老闆的心理地位，做了一個詳細的說明。但要如何應用ＴＡ的技巧，在和部屬溝通的時候，有效地控制和掌握對自己有利的時機和態度，做出適當的「反應」，完成互補式的交流，同時又經由對老闆心理地位的了解，使自己始終站在「我好，你也好」的溝通地位，不使自己有所偏頗或失去立場，因而使部屬無法與之溝通，則就算是一個好老闆了！

ＴＡ是一個很實用的溝通工具，對老闆心理地位的確定，更是溝通的根本。這是一體的兩面，只有相輔相成，則我們每一個人才會成爲ＴＡ老闆，並且是一個ＴＡ好老闆！

BIG268

巧用阿Q定律讓你不再成為職場魯蛇

作　者—小　管
編　輯—謝翠鈺
封面設計—楊珮琪
版式設計—黃庭祥
美術編輯—吳詩婷
製作總監—蘇清霖
董事長
總經理—趙政岷
出版者—時報文化出版企業股份有限公司
10803台北市和平西路三段二四〇號七樓
發行專線—（〇二）二三〇六六八四二
讀者服務專線—〇八〇〇二三一七〇五
（〇二）二三〇四七一〇三
讀者服務傳真—（〇二）二三〇四六八五八
郵撥—一九三四四七二四時報文化出版公司
信箱—台北郵政七九～九九信箱
時報悅讀網—http://www.readingtimes.com.tw
法律顧問—理律法律事務所　陳長文律師、李念祖律師
印　刷—勁達印刷有限公司
初版一刷—二〇一七年二月三日
定　價—新台幣二八〇元
行政院新聞局局版北市業字第八〇號
（缺頁或破損的書，請寄回更換）

時報文化出版公司成立於一九七五年，
並於一九九九年股票上櫃公開發行，於二〇〇八年脫離中時集團非屬旺中，
以「尊重智慧與創意的文化事業」為信念。

國家圖書館出版品預行編目（CIP）資料

巧用阿Q定律讓你不再成為職場魯蛇 / 小管作 . -- 初版 . --
臺北市 : 時報文化 , 2017.02
面 ;　公分 . -- (Big ; 268)

ISBN 978-957-13-6885-6(平裝)

1. 職場成功法

494.35　　105025009

ISBN 978-957-13-6885-6
Printed in Taiwan